荣华纪

古风绒花饰品制作技巧全解

雪胖 著

人民邮电出版社
北京

图书在版编目（CIP）数据

荣华纪 ： 古风绒花饰品制作技巧全解 / 雪胖著. --
北京 ： 人民邮电出版社, 2021.10
ISBN 978-7-115-57125-0

Ⅰ. ①荣… Ⅱ. ①雪… Ⅲ. ①绒绢－人造花卉－手工
艺品－制作 Ⅳ. ①TS938.1

中国版本图书馆CIP数据核字(2021)第163977号

内 容 提 要

绒花是以蚕丝、铜丝等为原材料制作的传统手工艺饰品，明清时期发展最盛，在民间广受喜爱。因为其特殊的表现手法，直到现在都无法用机器生产，被列为江苏省非物质文化遗产。

本书第一章讲解绒花制作的基础知识，包括绒花的起源、材料和工具，绒丝如何染色，铜丝如何烧制，整理绒丝的基本手法；第二章讲解了五瓣花、合欢花、长型叶、圆型叶、球型等5种基础花型和叶子的制作方法；第三章讲解了鬓边花、故宫款菊花、故宫款福寿三多、故宫款花排、故宫款绶带鸟等5款传统绒花造型的制作方法；第四章讲解了梅花、腊梅、水仙花、荷花、星芹、雪绒花、竹叶等7款仿真花型的制作方法；第五章讲解了蝴蝶、蜜蜂、蜻蜓、凤凰等4款绒制动物的制作方法；第六章以前面几章制作的造型为基础，向读者展示了绒花的不同用途。

本书适合喜欢绒花、古风饰品、汉服饰品的手工爱好者阅读学习。

◆ 著　　　　雪　胖
　责任编辑　魏夏莹
　责任印制　周昇亮

◆ 人民邮电出版社出版发行　　北京市丰台区成寿寺路 11 号
　邮编　100164　　电子邮件　315@ptpress.com.cn
　网址　https://www.ptpress.com.cn
　北京九天鸿程印刷有限责任公司印刷

◆ 开本：787×1092　1/16
　印张：10　　　　　　　　2021 年 10 月第 1 版
　字数：256 千字　　　　　2025 年 2 月北京第11次印刷

定价：79.00 元

读者服务热线：(010)81055296　印装质量热线：(010)81055316
反盗版热线：(010)81055315

前言

在古代，由于鲜花易逝，人们在使用自然花的同时，也会采用各种手段仿制鲜花，人工仿制的花叫“像生花”，使用的材质有罗、绢、绒、通草、宝石、珍珠等。绒花是由蚕丝和铜丝制作而成的绒制工艺品，在明末清初流入民间，极具民间特色和地域特色。绒花与“荣华”谐音，寓意荣华富贵，与中国祥瑞文化相合，故多受民间妇女的喜爱，人们通过戴绒花表达了积极乐观的生活理念和对幸福美好生活的憧憬。

在现代工业和西方造花艺术的双重压力之下，绒花这种传统造花艺术迅速被人们淡忘，但还有一批老手艺人坚守着，渴望将这门手艺传承下去。在这里特别感谢“南绒”赵树宪老师、“北绒”蔡志伟老师以及其他的绒花老师傅。正是他们的坚持，才使得包括笔者在内的众多绒花爱好者可以有资料查找，从而反复实验，进行创作。我们是站在巨人的肩膀上前进的！

本书并非严谨的考据书，笔者也并非受过正规培训的专业绒花师傅，但书中的诸多花型都是笔者花了许多心血，不断积累经验研究而得，可以说这是一本适用于绒花爱好者入门的参考书。目前讲解绒花制作的书并不多，很多人也很好奇各种样式的绒花是怎么做出来的，而这本书正好能针对这些问题一一解答。

由于写作时间紧迫，书中难免会存在纰漏和瑕疵，还请各位读者海涵。最后感谢陪笔者拍摄书中图片的小伙伴俏爷和带笔者入门绒花手工艺的恩师何杭老师，正因为有你们的支持和鼓励，这本书才能顺利问世。希望这本书能给各位读者及手工爱好者们带来不一样的体验和收获。

何岩　2021 年 4 月 5 日　星期一

目录

第一章

绒花制作基础知识

绒花的起源

绒花的历史

绒花又称宫花、喜花，是绒质工艺品的统称。明清时期发展最盛，在清朝末年、民国初年，北京、南京和扬州已成为了著名的绒花产区。清代女子出嫁一定会戴红色绒花，寓意吉祥喜庆。同时，绒花谐音“荣华”，有“荣华富贵”之意，正合中国的祥瑞文化。据《旧都文物略》记载：“彼时旗汉妇女戴花已成风习，其中尤以梳旗头之妇女最喜色彩鲜艳、花样新奇的人造花。”现在的北京故宫博物院还珍藏着清代后妃佩戴过的各种绒花，历时百年依旧色彩鲜艳。

绒花的派系

绒花按照流派可分为北派绒花和南派绒花。北派绒花以北京绒花和天津绒花为代表，擅长抽象型绒花的制作，如“富贵有余”由“福”“禄”“寿”“禧”字和鱼形花组成，“子孙富贵”由葫芦和蝙蝠组成，“五福捧寿”由五只蝙蝠和寿桃组成；南派绒花以南京绒花和扬州绒花为代表，擅长象形花朵的制作，形态逼真，色彩柔和，相比抽象的北派绒花来说，南派绒花更具有观赏性。南派、北派只是制作步骤和风格上有所差异，实物则都是绒花，并无特殊的地方，本书作者在制作方式上采用了北派的手法，在色彩方面则参考了南派的配色思路。读者可不必拘泥于学北派还是南派，只要跟着书中的步骤，便能熟悉绒花的制作流程。

绒花流程概说

绒花从蚕丝到成品需要十几道工序，主要包括煮丝、染色、铜丝退火、劈绒、拴绒、剪条、对条、搓条、塑形、组装、整理等步骤。具体制作绒花之前，需要做一些准备工作，首先是煮丝，将生丝用碱水高温煮成熟丝；其次按照不同要求给绒丝染色，染好的绒丝套在竹竿上晾晒；之后还需要将黄铜丝放在炭火炉中高温退火。绒花的具体制作流程如下：第一步，劈绒。将大把绒丝分成适合 5 厘米绒排的小份绒丝。第二步，拴绒。把烧好的铜丝绑在绒排上，铜丝不可太紧但也不能太松。第三步，剪条。用剪刀把做好的绒排按照铜丝排布的顺序剪下。第四步，对条。保证铜丝要在绒丝中间，如发现绒丝位移应当尽快调整。第五步，搓条。两手手指用劲把绒条顺着一个方向搓过去。第六步，塑形（我们常说的“打尖”步骤也包含在内，打尖就是用剪刀修剪绒条）。修剪绒条形状，然后用镊子将绒条弯成不同形状。第七步，组装。将各个零散的部分用丝线组装在一起。第八步，整理。用镊子将绒花的形状做最后的调整。

制作绒花的材料和工具

在制作绒花时好的材料和工具能起到事半功倍的作用，以下是在绒花制作过程中常用的材料和工具。

材料类

• 绒丝 •

绒花原材料，是由蚕丝生丝精炼脱胶后的熟丝，具有根根分明、纹路清晰、手感顺滑、光泽肥美的特点。

• 铜丝 •

铜丝是整个绒条的骨架，在绒花的绒条制作过程中起着重要的作用，为了使铜丝的韧性足够，在使用前需要高温退火。以0.2毫米的铜丝为佳。

• 丝线 •

传花时需要用到的组装材料。

• 染色剂 •

真丝酸性染色剂，需高温煮染。

• 花蕊 •

也是传花时使用的组装材料，多为石膏和棉线材质。花蕊头部有不同的颜色，分为单头和双头。双头花蕊在使用时需要对折。

• 发簪主体和胸针材料 •

用于做发簪或者胸针，多是铜镀金的金属制品。

• 绒丝 •

• 铜丝 •

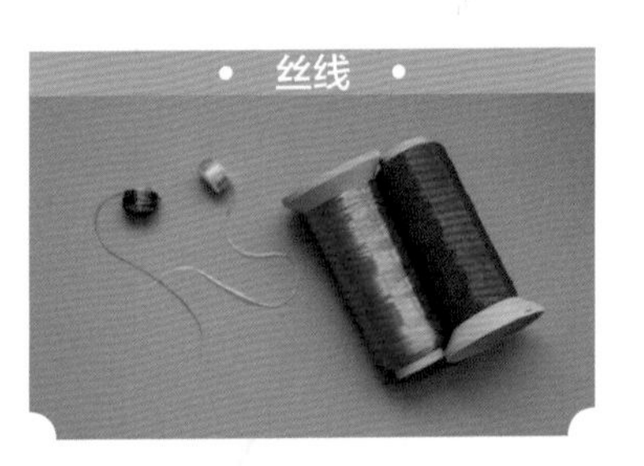

• 丝线 •

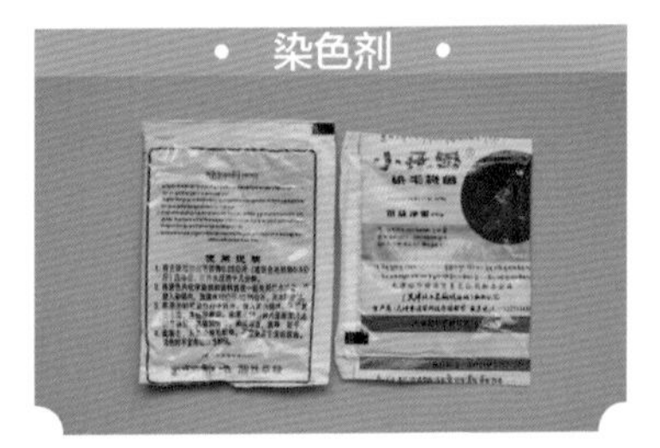

• 染色剂 •

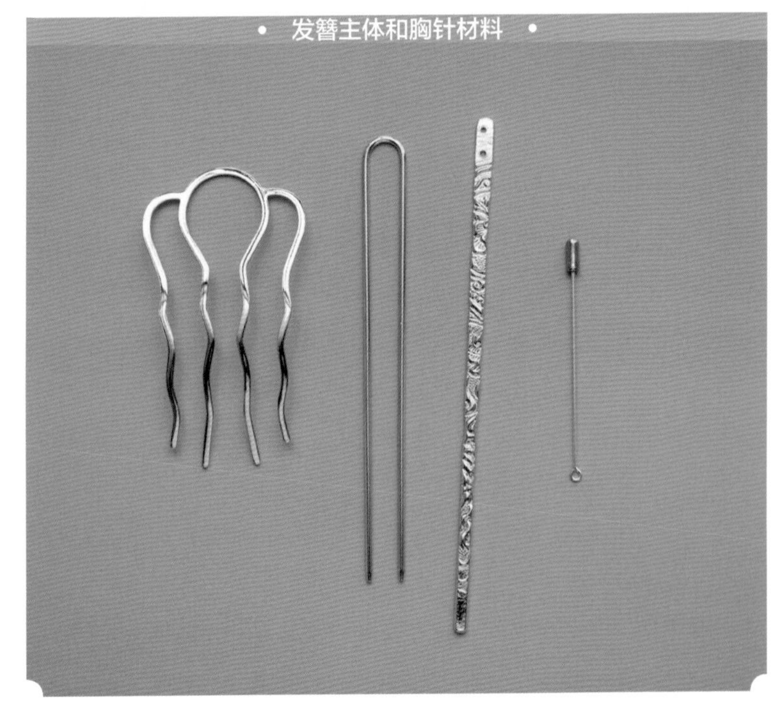

• 发簪主体和胸针材料 •

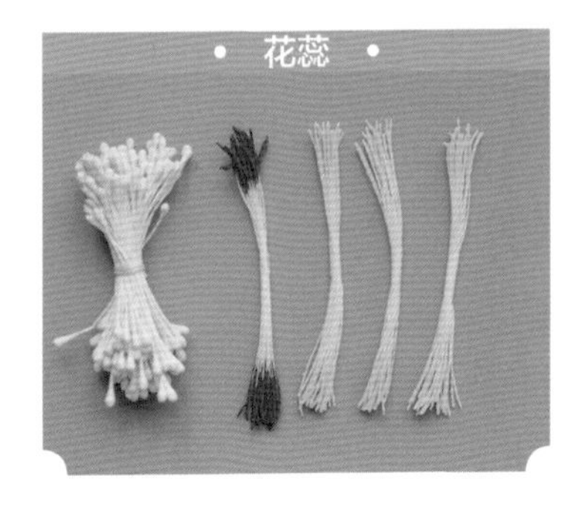

• 花蕊 •

◆ 工具类

• 滑石粉 •

使用前抹在大拇指和食指指腹，增加指头与铜丝间的摩擦力，减轻手指负担。

• 搓丝板 •

由表面不是很光滑的木板组成，一大一小，大的一侧钉上钉子使其方便放置在桌子上。使用时将绒条的铜丝放在两个木块中间，小的木块发力往后搓，将铜丝搓紧，直到绒条上的毛全部打开。

• 镊子 •

传花时的辅助工具，因为蚕丝本身较为娇贵，用手指调整花型会破坏花型美感且不精细，故制作时需要用镊子进行辅助。

• 剪刀 •

做绒花的剪刀分为两种，一种是剪绒排的大剪刀，长度为 30.5 厘米左右，另一种是给绒条打尖的小剪刀，长度是 23.2 厘米左右，二者缺一不可。

• 辅助夹 •

这里的辅助夹非传统用具，适合非专业爱好者在家使用，方便简单。由一个食品密封夹和一个大号文具夹组成，作用是辅助铺绒。

• 鬃毛刷 •

主要用于整理蚕丝，梳开蚕丝，并梳出绒排中的断绒和残绒。

• 尺子 •

方便测量绒条长度，确保绒花足够精细。

• 夹板 •

在制作压扁类的绒花中会用到，绒条经过夹板高温压制后会变成薄片，这样做出来的花更具立体感。

• 定型水 •

定型水用白乳胶和水按照 1 ： 4 的比例配置，用喷壶装好，方便使用。

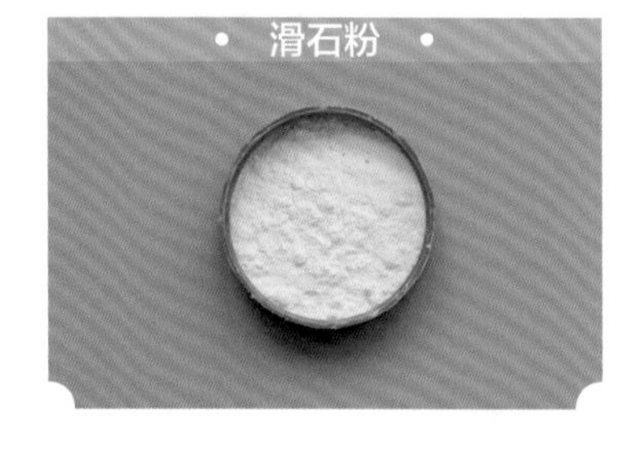
• 滑石粉 •

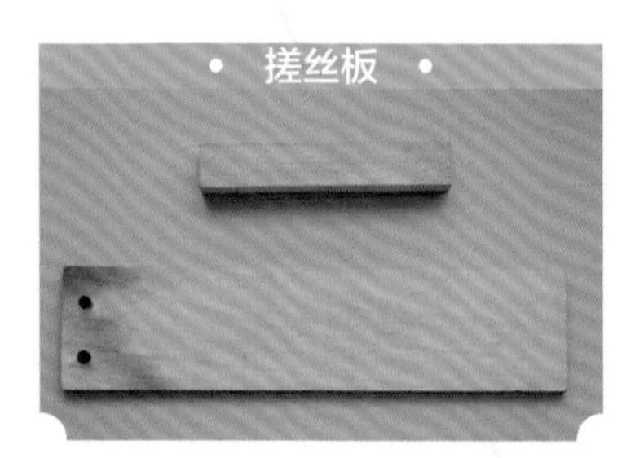
• 搓丝板 •

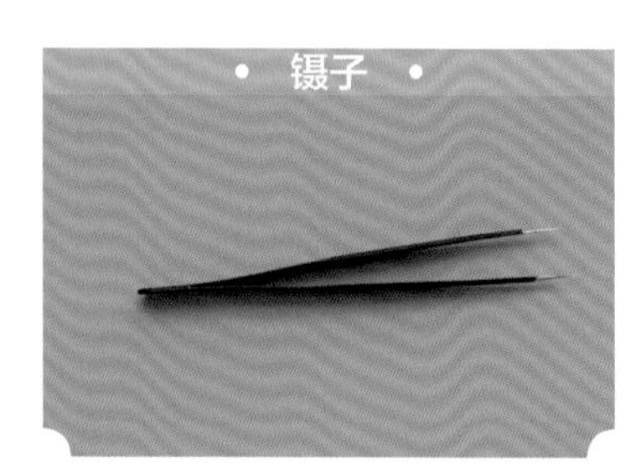
• 镊子 •

• 剪刀 •

• 辅助夹 •

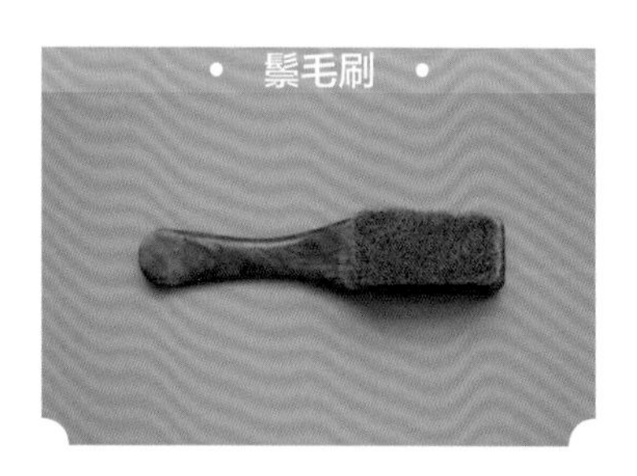
• 鬃毛刷 •

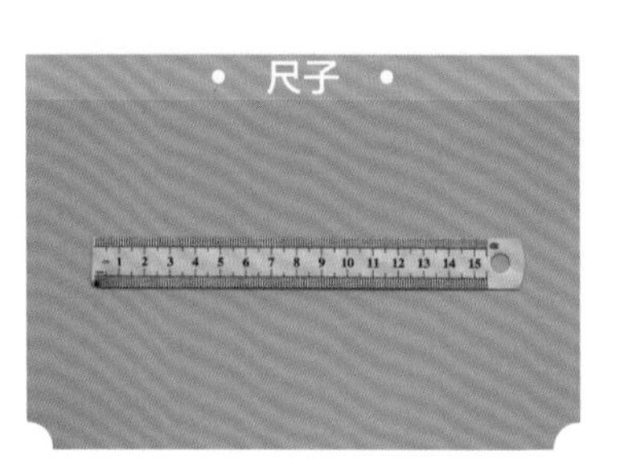
• 尺子 •

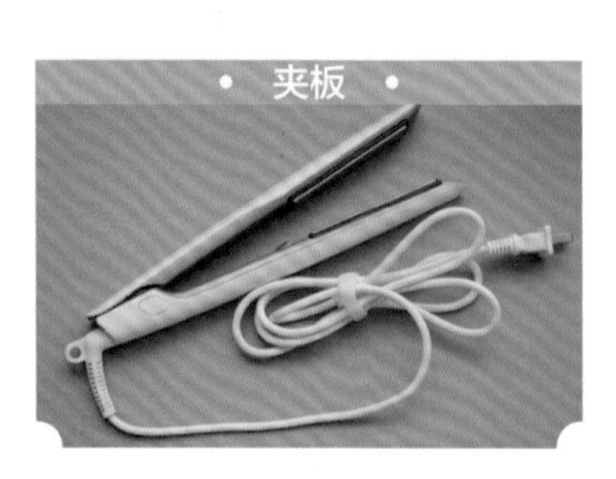
• 夹板 •

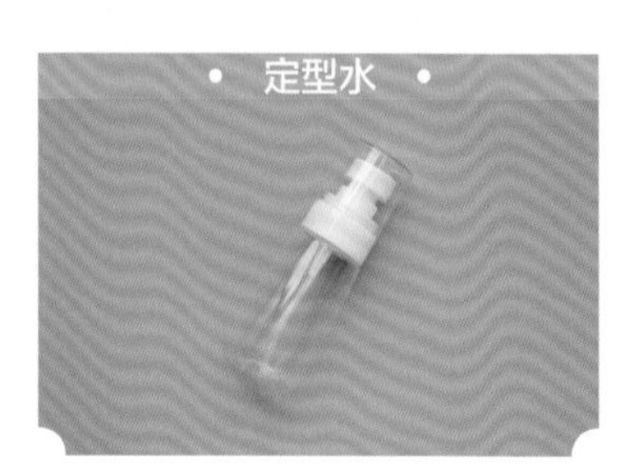
• 定型水 •

• 白乳胶 •

• 材料箱子 •

• 白乳胶 •

用来黏合绒条，配置定型水。

• 材料箱子 •

可以用材料箱子来代替绒花木架夹住绒丝。我使用的箱子规格长、宽、高分别为 28 厘米、20 厘米、17 厘米。

• 绒花架 •

用来绷直蚕丝绒排，方便拴铜丝，架子的长、宽、高为 40 厘米、20 厘米、60 厘米。

• 打火机 •

用于收尾。所有绒花作品在最后打结并剪断丝线后，都需要用打火机燎一下丝线末端收尾。

• 绒花架 •

• 打火机 •

绒丝如何染色

绒丝染色材料

• 绒丝 •

一绞 100 克未拆解的蚕丝。

• 酸性染料 •

适用于羊毛、蚕丝、锦纶等材质，染色时需要高温煮染。

• 助染剂 •

用于蚕丝染色之后，功能是防止蚕丝褪色。

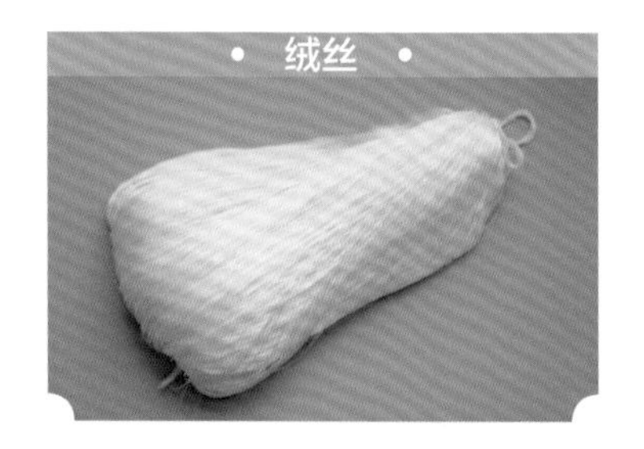

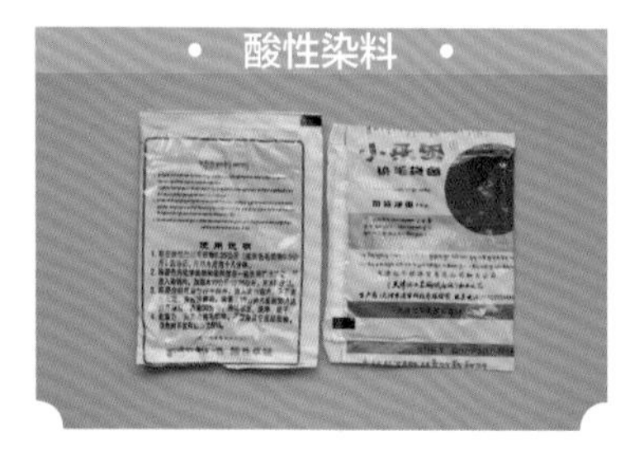

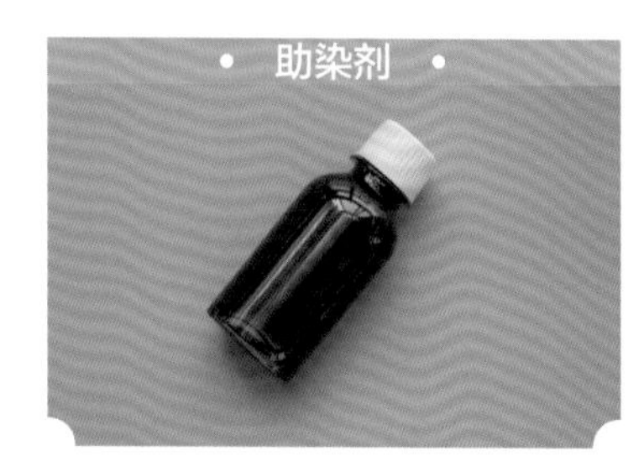

小提示

染色过程需要高温煮染，未成年人请在家长陪护下进行操作。

染色过程

01 将绒丝用温水打湿。

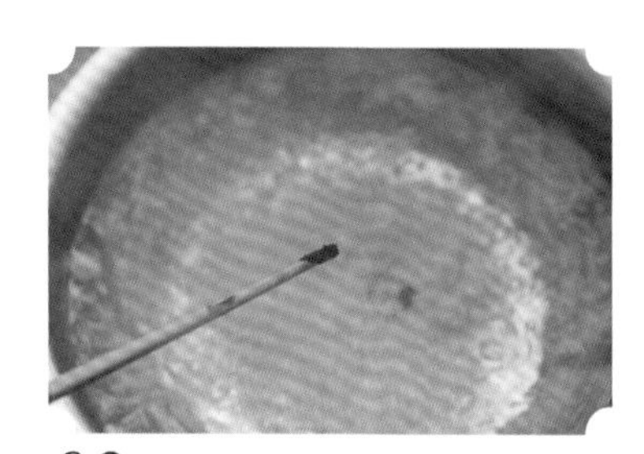

02 把不锈钢盆加满水，高温将水煮沸，用筷子挑 1 克左右的酸性染料。

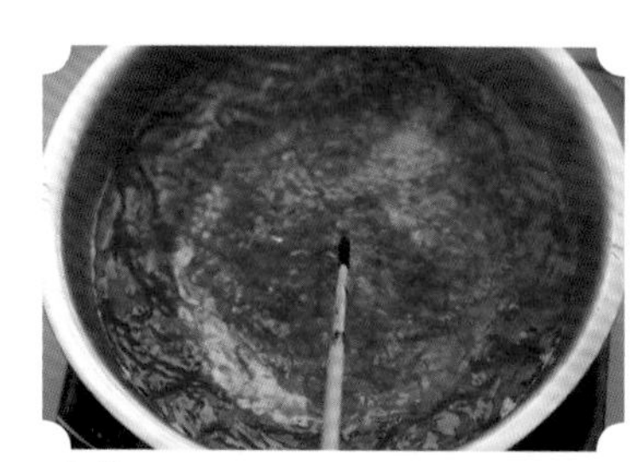

03 将酸性染料放在盆里。

04 把绒丝放进盆中，高温煮染约 20 分钟。

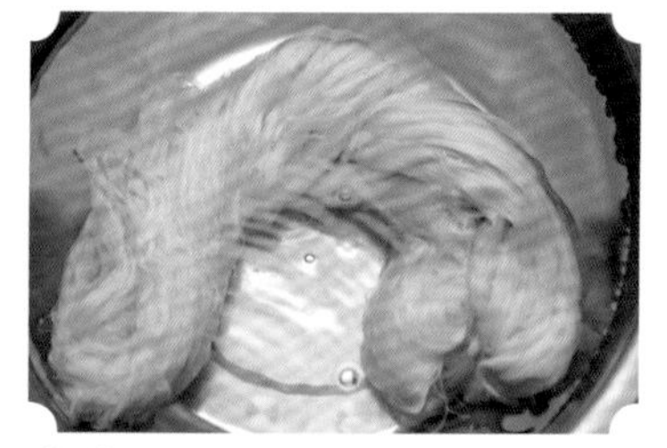

05 染完后，将绒丝放入温水中漂洗干净。

06 另换一盆温水，在盆中加入助染剂。

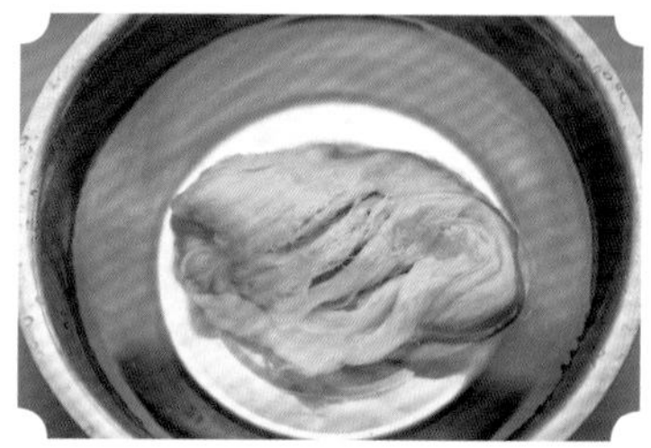

07 绒丝需要在有助染剂的盆中放置 20 分钟。

08 将染好的绒丝从盆中取出，无需拧干，套上杆子放置于阴凉处自然阴干。

09 绒丝晾干以后，就可以正常使用了。

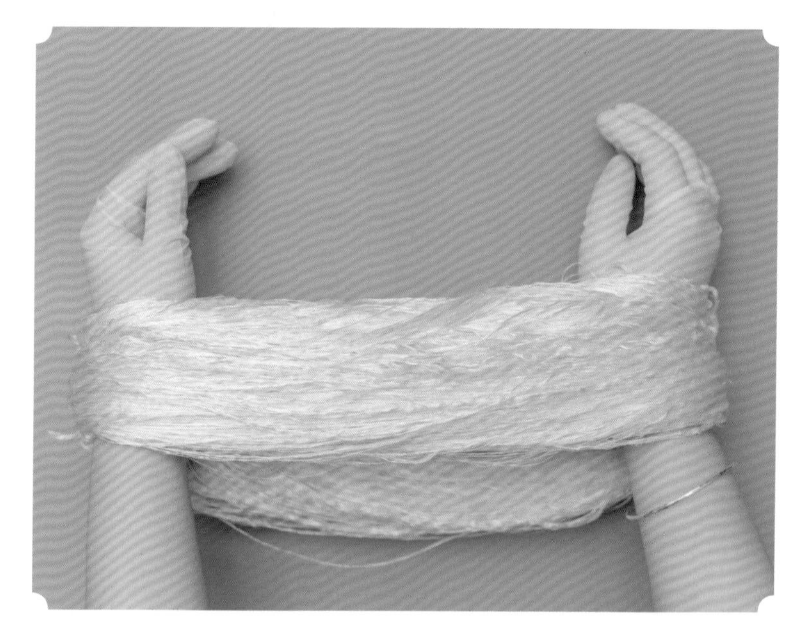

◆ 染色注意事项

❶ 全程戴橡胶手套，防止手被染色。

❷ 如果绒丝过于干涩，可以在染色时加入几滴护发精油。

❸ 中途可用筷子挑动绒丝，保证绒丝两面染色均匀。

铜丝如何烧制

退火铜丝：退火是一种金属处理工艺，指的是将金属加热到一定的温度，保持适宜时间后将其冷却。退火铜丝是指高温烧制过的铜丝，给铜丝退火主要是为了降低铜丝硬度，方便搓绒条时使用。

给铜丝分绕

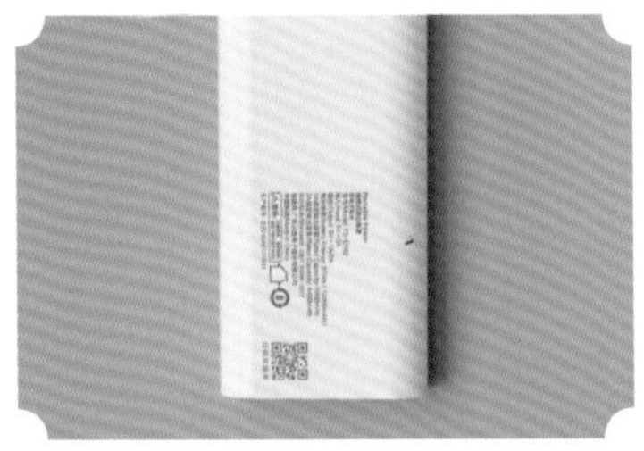

01 找一个长度为 14 厘米至 15 厘米的物体，这里我找了一个充电宝。

02 拿出大轴铜丝。

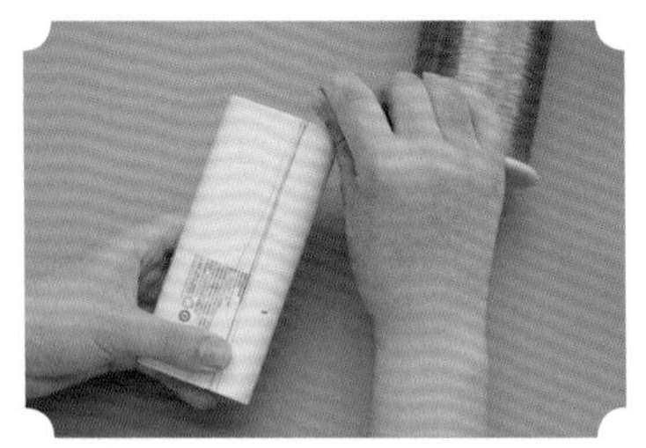

03 在物体上竖向分绕铜丝。

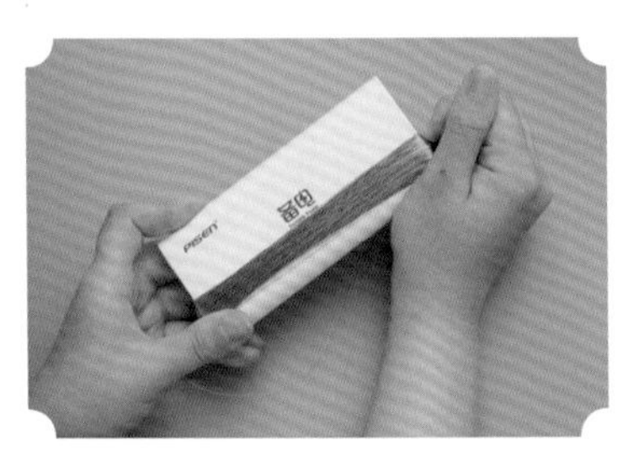

04 绕 400 到 500 圈即可。

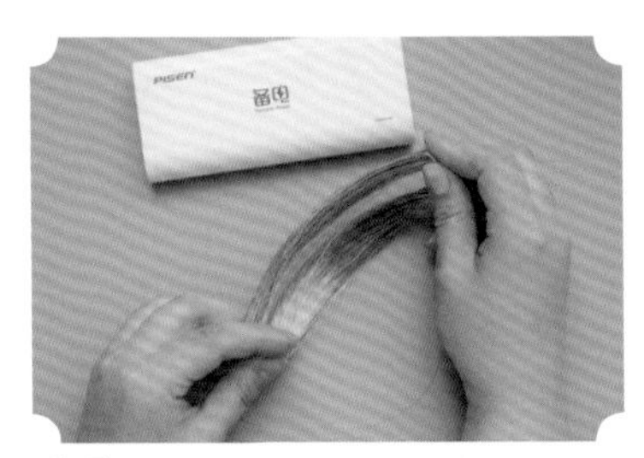

05 将绕好的铜丝取下。

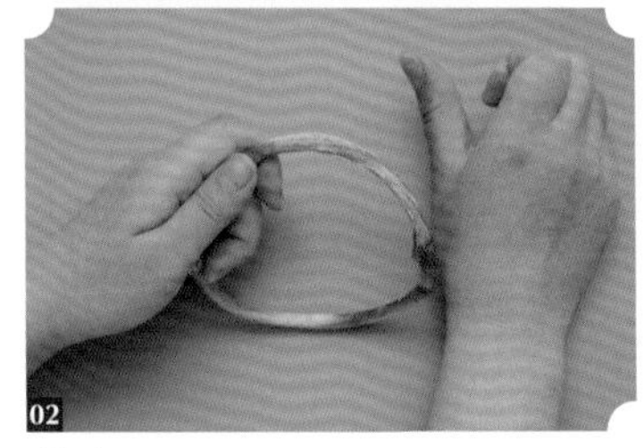

06 用尾端的铜丝将铜丝圈扎紧，扎紧后绕圈收尾。

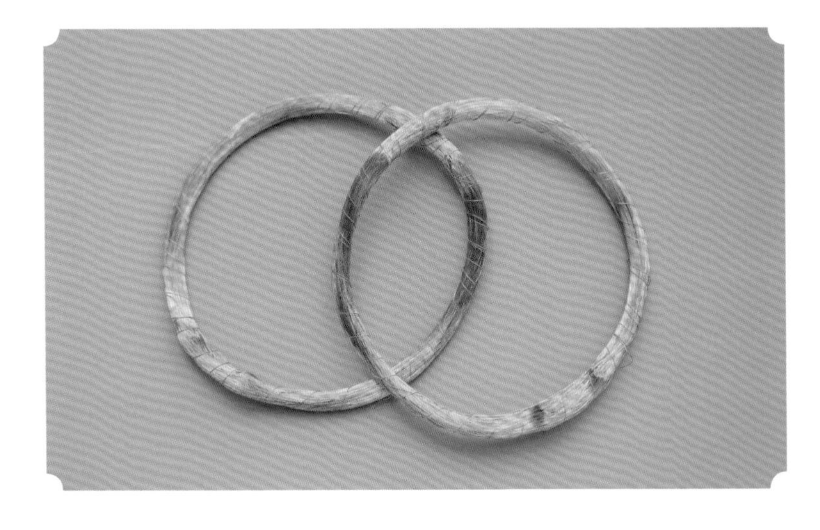

07 分绕完成。

烧制过程

01 将绕好的铜丝放在燃气灶中间（有炉灶的也可用炉灶）。

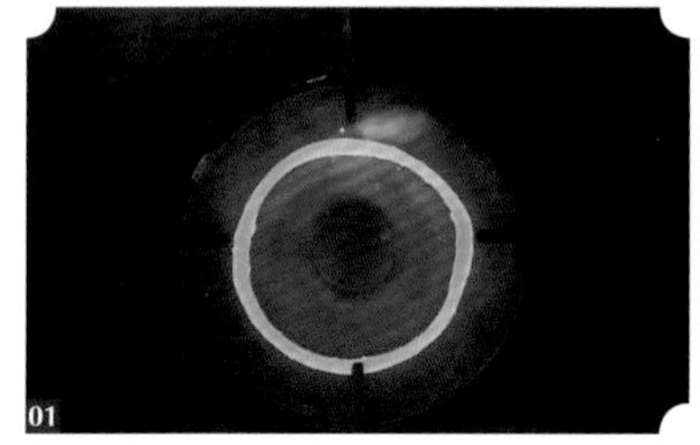

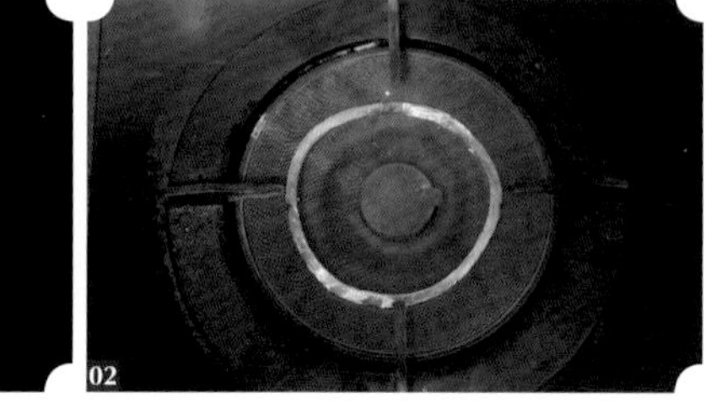

02 开大火烧制 6 分钟到 7 分钟，烧到铜丝通体发红。

03 烧制完毕后用镊子将铜丝取出，放置到一边冷却。

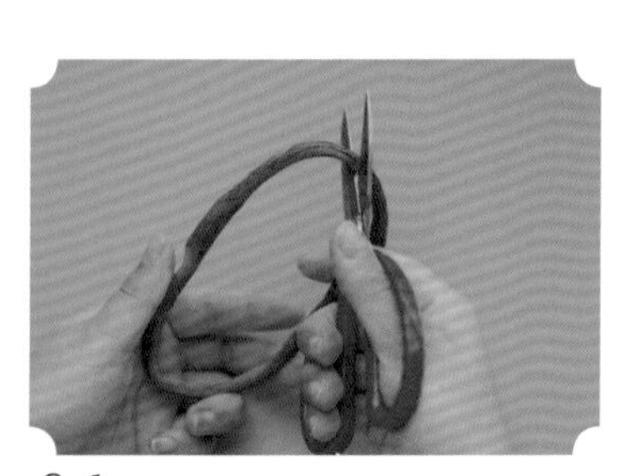

04 冷却完毕，用剪刀对半剪开。

05 剪开后如图所示。

铜丝退火注意事项

❶ 退火时必须用明火，燃气灶或者炉灶都可以，未成年人请在家长陪同下进行此操作。

❷ 扎铜丝时务必扎紧，这样在烧制时才不会被烧断。

❸ 退火时请让火焰完全包裹铜丝，这样铜丝整体才会红透。

❹ 切勿二次退火，否则会损坏铜丝的韧性。

整理绒丝的基本手法

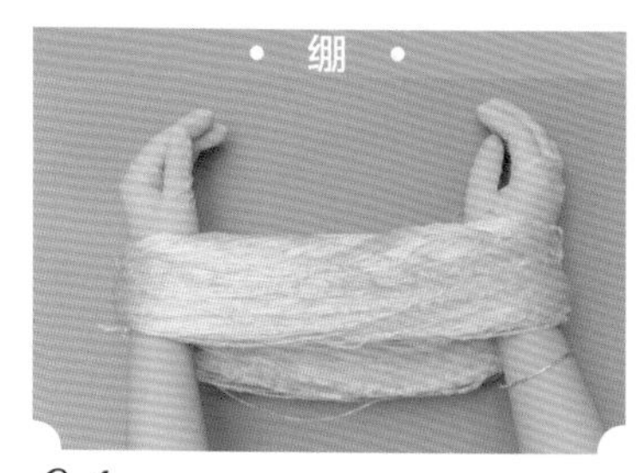

01 把大把绒丝搭在两只手腕上绷几下，使绒丝顺直。

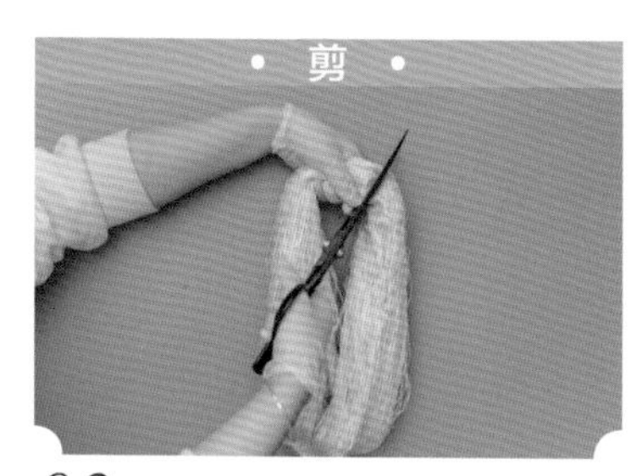

02 将大把绒丝对折剪开。

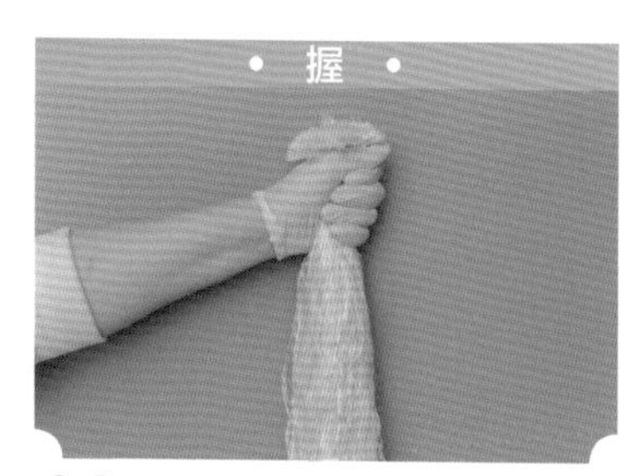

03 握紧绒丝的上端，使其不散乱。

04 将大把绒丝分成小把。

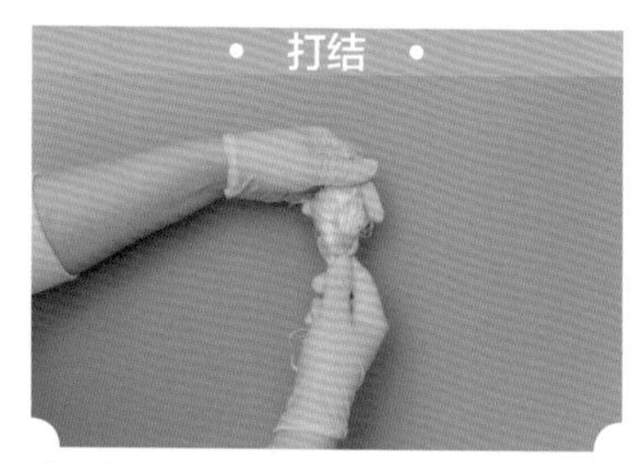

05 为方便绒丝收纳和绒排制作，使用单向打结的手法在绒丝一端打结。

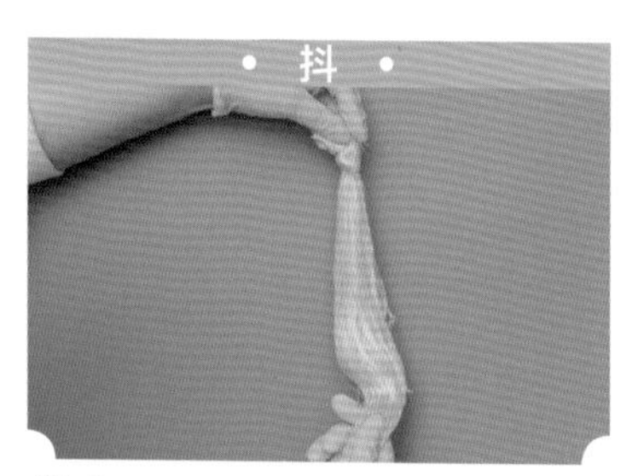

06 把绒丝拎起来抖一下，保持绒丝垂顺。

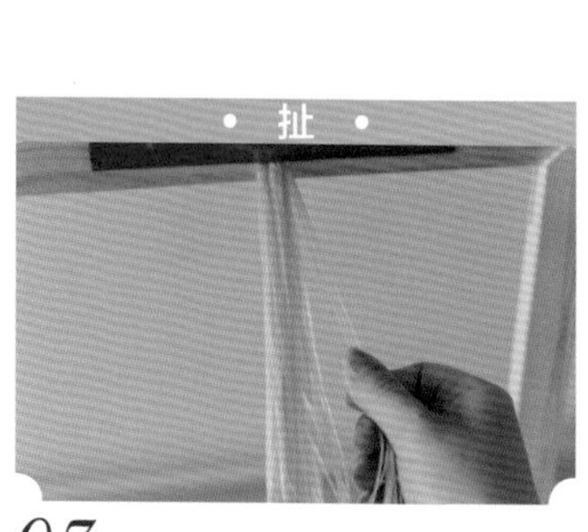

07 绒丝上端固定后用手扯下端的绒丝，防止绒丝打结。

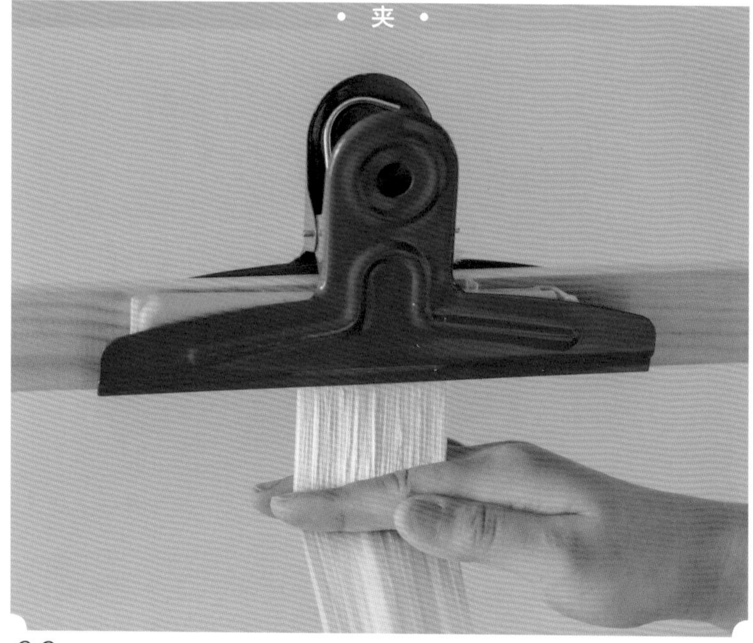

08 两根手指夹住绒排，方便调整绒排宽度。

拴铜丝的基本手法

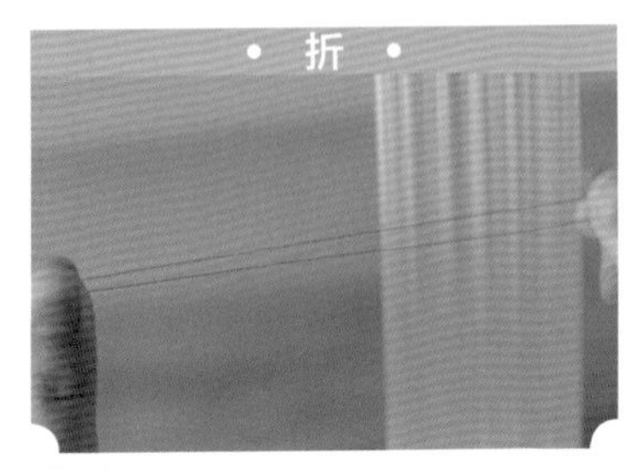

01 把一根铜丝对折。

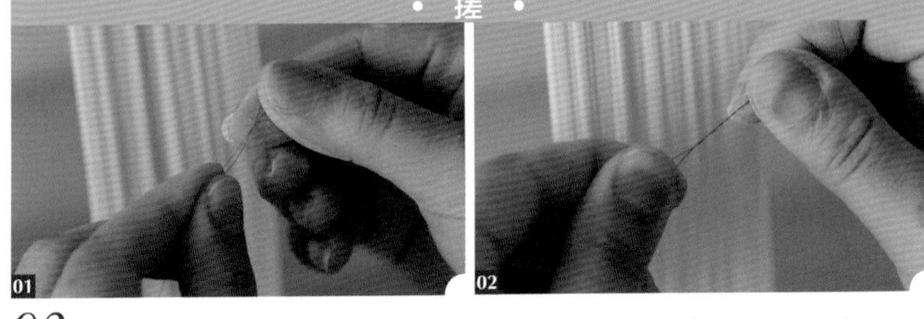

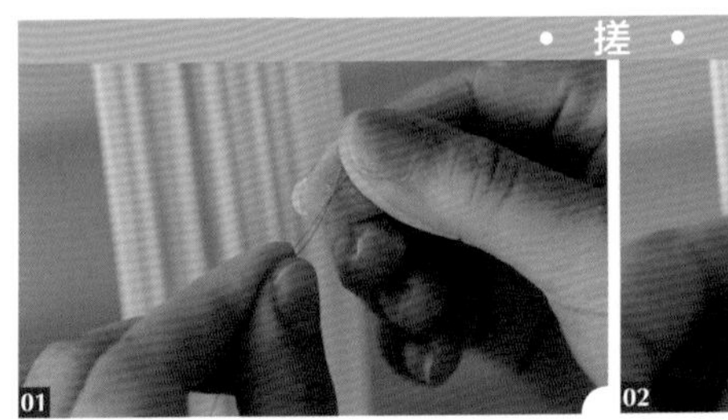

02 将铜丝对折后，手指沾上滑石粉，在对折的那一头朝里或者朝外搓。

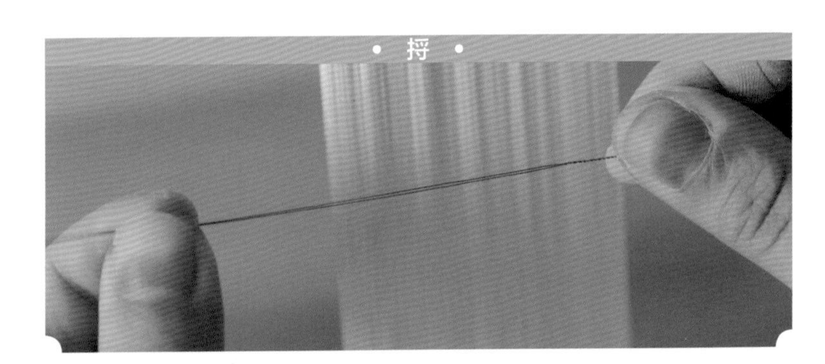

03 把铜丝捋直，方便下一步操作。

04 用铜丝夹住绒排，左手手指由下往上，右手手指由上往下，朝相对方向搓，直到铜丝贴合在绒丝上。

绒条制作流程展示

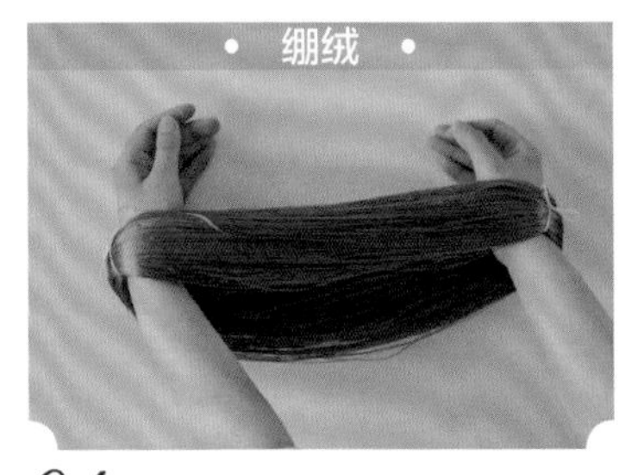

01 将大把绒丝搭在两只手腕上绷几下，保证绒丝顺直。

02 将大把绒丝对折剪开。

03 将大把绒丝分为小把，5 厘米绒排用 5 克绒丝。

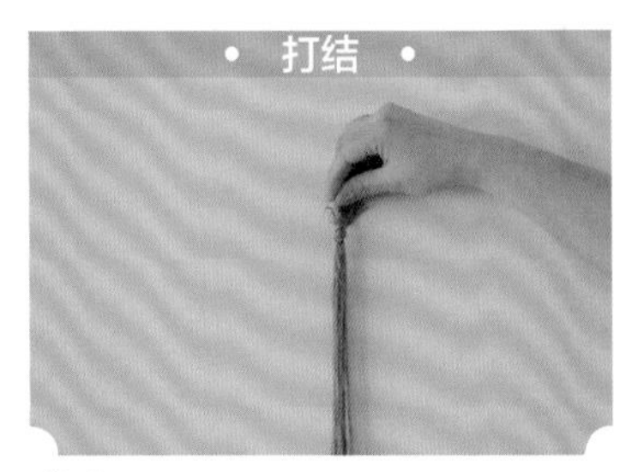

04 将分好的绒丝一头打结。

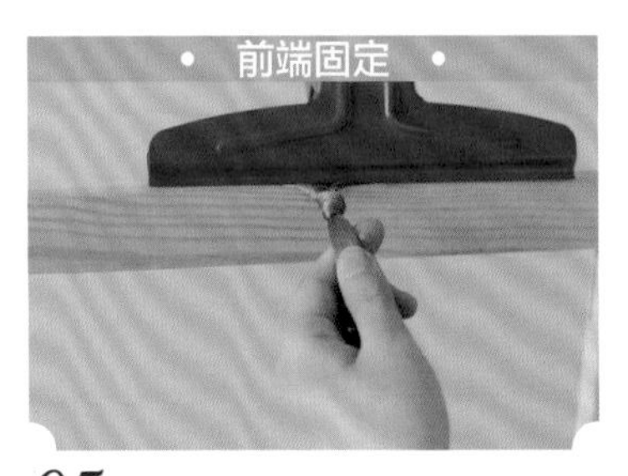

05 将打结的一端夹在架子或箱子顶部。

06 将熟丝用鬃毛梳慢慢梳开。

07 将整个绒排整理整齐，方便进行下一步。

08 用两只手的食指和中指夹着绒丝，对整个绒排的宽度和厚度进行整理。

09 整理好的绒排放到桌子边沿，用食品密封夹夹好。

10 将下端的绒丝打结固定。

11 将下端绒丝取下，用大夹子固定在架子上端。

12 将绒丝另一端的结解开。

13 按照步骤 6，再梳理一遍绒丝。

14 按照步骤 7 至步骤 8，对这一端的绒丝进行理绒、铺绒，整理好的绒丝排放到桌子边沿，并用尺子量好宽度。

15 用大夹子将绒丝固定好。

16 上下两边固定完毕。

• 绑绒 •

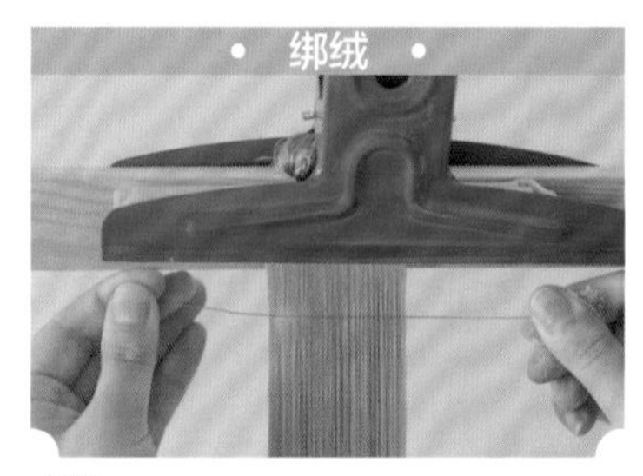

17 用铜丝夹住绒排，两手手指向相对方向搓，直到铜丝贴合在绒丝上。按照一定的间距进行绑绒。

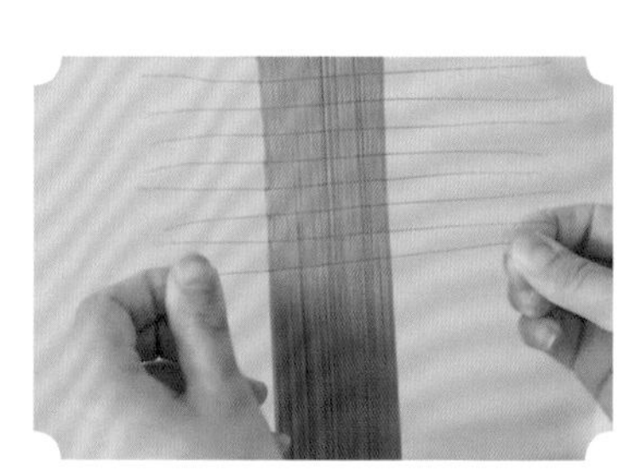

18 绑绒后核查，调整铜丝间距，如间距太开可用镊子调整。

• 剪绒 •

19 用大号剪刀顺着绒排剪下多余的蚕丝。

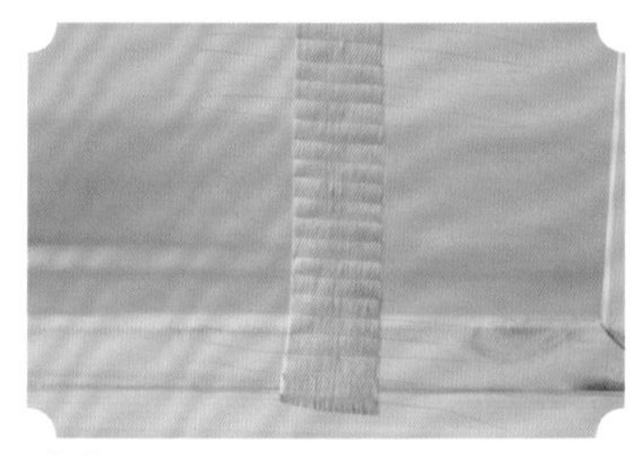

20 剪下需要用到的绒排，如果绒排太长可先剪下一半。

21 剪刀与铜丝方向平行，在两根铜丝之间，剪下绒条。

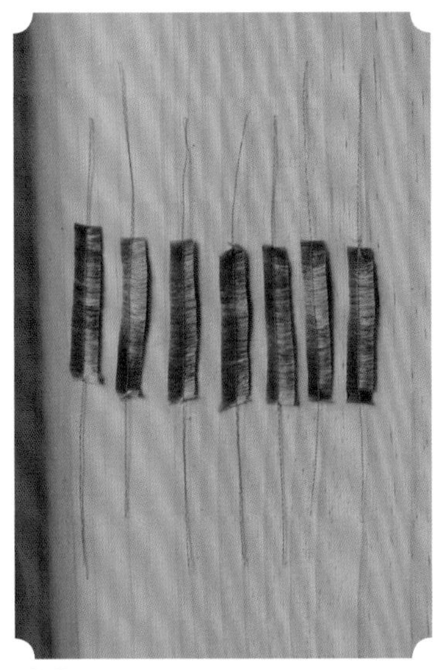

22 剪下的绒条如图所示。

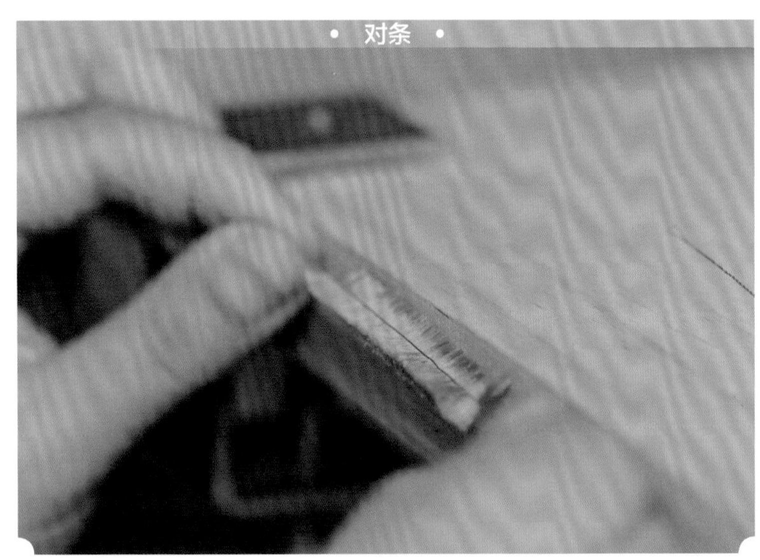

23 用两手食指和中指捏起绒条两端铜丝，将绒条边沿对齐桌子边缘，使铜丝居于绒丝中间。

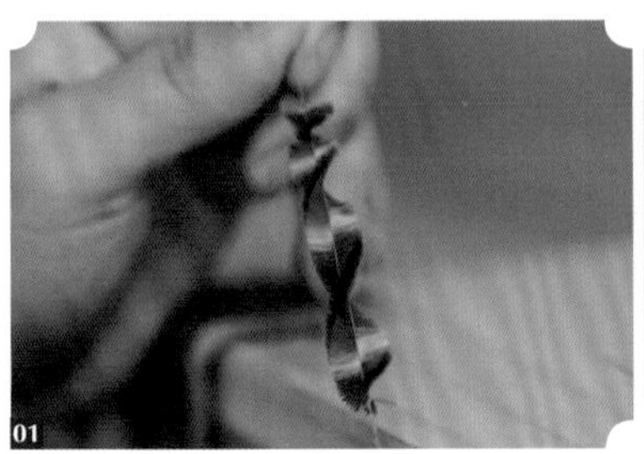

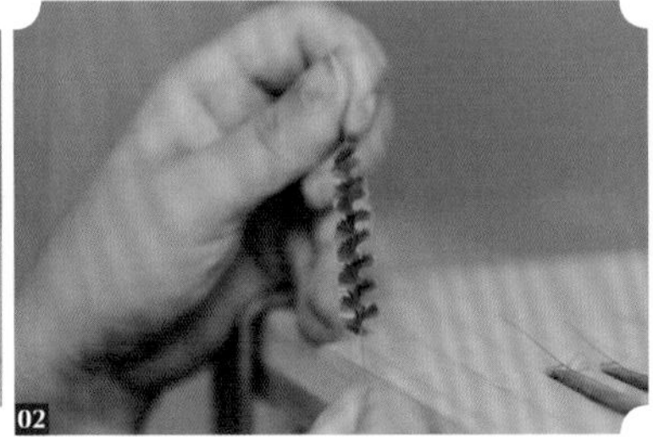

24 左手捏紧铜丝一端，右手食指和大拇指捏紧铜丝另一端，并向顺时针方向拧。

25 使用搓丝板对绒条进行加密。铜丝一端用一只手捏住，另一端放在两个搓丝板中间，手捏住小的搓丝板发力往后搓，将铜丝搓紧直到绒条上的毛全部打开。

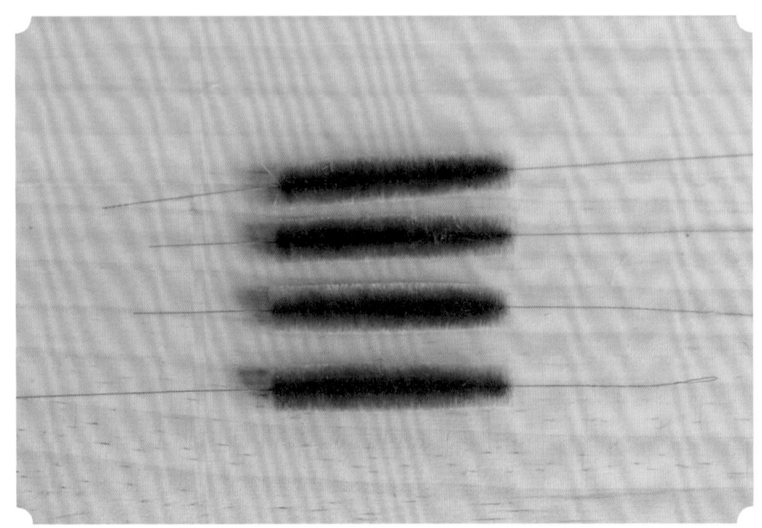

26 绒条制作完成。

如何理解突变和渐变

渐变和突变指的是绒条颜色的变化，正常情况下单色的花朵可以用单色绒条来制作，但是自然界很多花朵颜色是渐变或者是突变的，所以在制作绒花时也要掌握制作渐变绒条和突变绒条的思路和手法。

渐变绒条的制作

渐变绒条是指同色系绒丝颜色由浅到深的绒条。

• 单向渐变 •

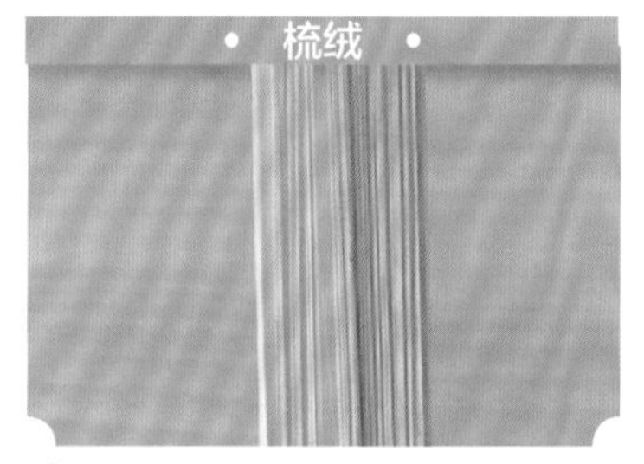

01 选择相同色系的两种绒丝，浅色在前，深色在后。按照个人习惯也可深色在前，浅色在后。

02 固定好以后用铜丝夹住绒丝，左右手指同时发力将铜丝拧紧。

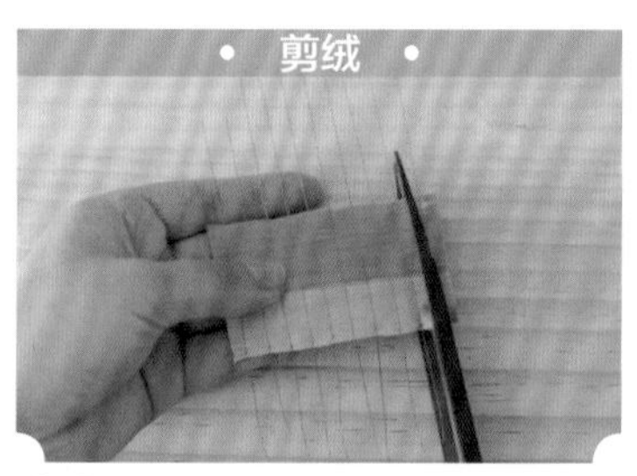

03 将剪刀放置在两根铜丝之间的位置，剪断绒排。

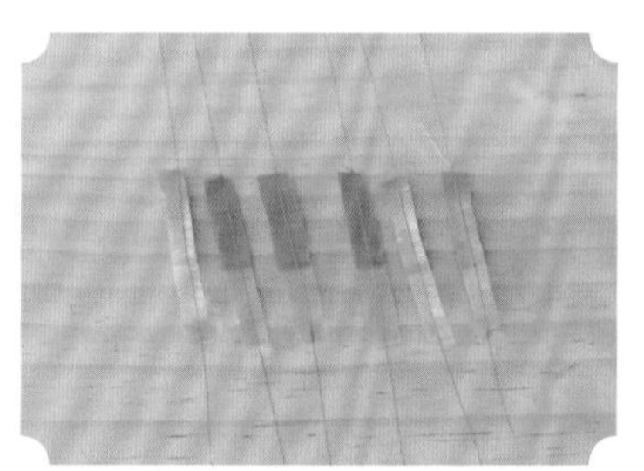

04 剪绒完成。

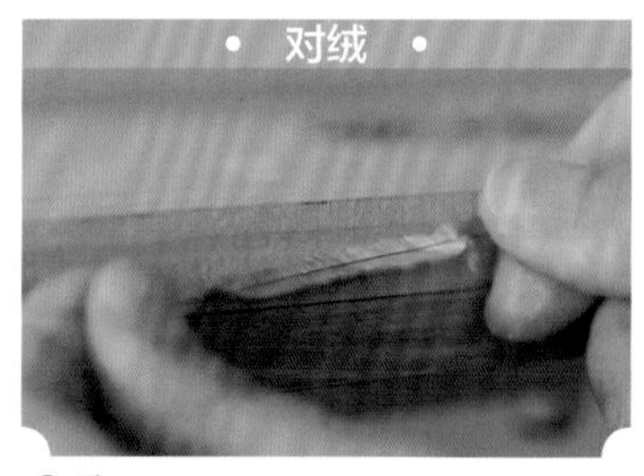

05 用手指捏着剪下的绒条，绒条一侧对着桌沿，轻轻用力使铜丝居于绒丝中间。

06 一端捏着铜丝，另一端用手指沿一个方向将铜丝拧几圈，这样绒条就搓起来了。

07 用搓丝板加密绒条。一只手捏住铜丝一端，将铜丝另一端放在两个搓丝板中间，手握小的搓丝板发力往后搓，将铜丝搓紧，直到绒条上的毛全部打开。

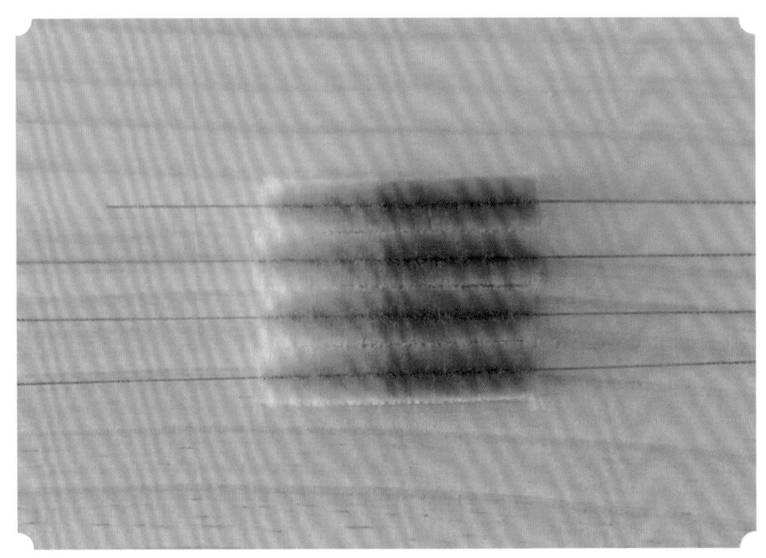

08 渐变的绒条做好啦。

小提示

此类绒条适用于不对折绒条的花型，如菊花、长型叶子等。对折花型指绒条的颜色是双向对称的，需要将绒条对折，两端铜丝拧在一起；不对折花型是指绒条的颜色走向是单向的，不需要将铜丝对折。

• 双向渐变 •

01 选择相同色系的两种绒丝，浅色在中间，深色在两边（也可相反排列），整个绒排颜色呈对称的状态。

• 梳绒 •

02 固定好以后开始拴铜丝，用铜丝夹住绒丝，左右手指同时发力将铜丝拧紧。

• 剪绒 •

03 将剪刀放置在平行于铜丝的位置上剪断绒排。

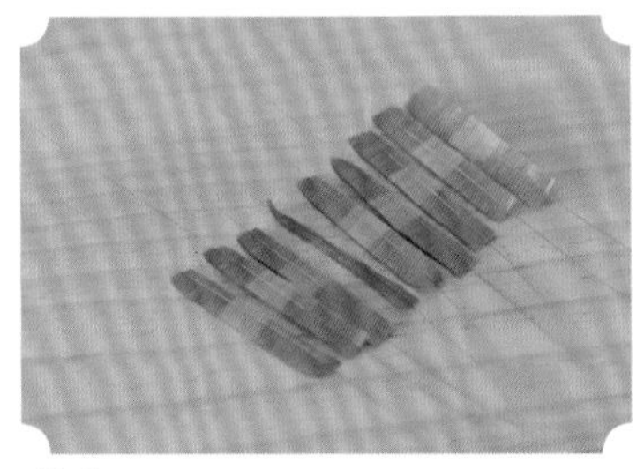

04 剪绒完成。

• 对绒 •

05 用手指捏着剪下的绒条，绒条一侧对着桌沿，轻轻用力使铜丝居于绒丝中间。

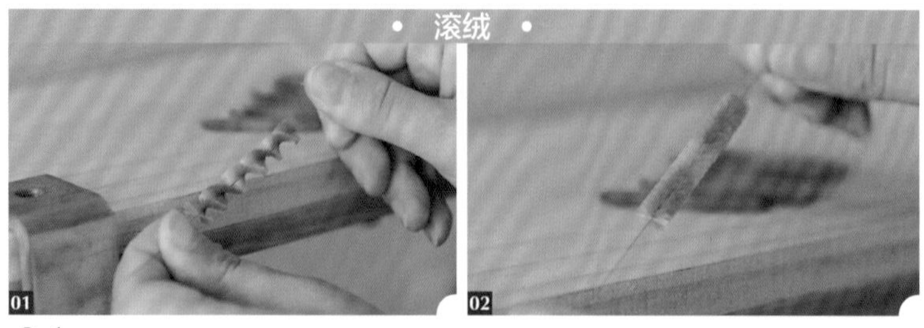

06 一端捏着铜丝，另一端用手指沿一个方向将铜丝拧几圈，这样绒条就搓起来了。

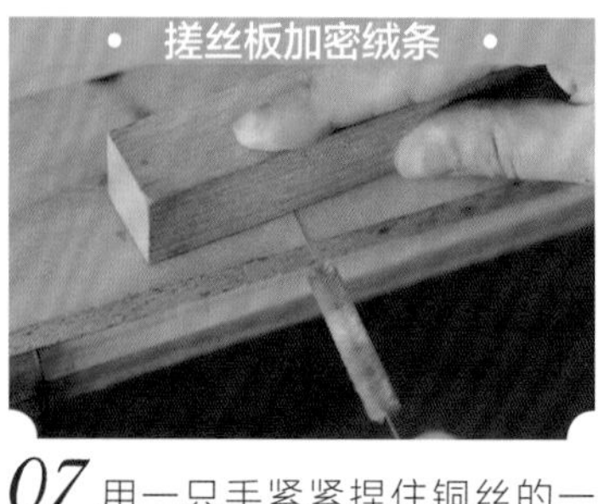

07 用一只手紧紧捏住铜丝的一端，铜丝另一端夹在两块搓丝板之间。用另一只手握住上面的搓丝板，并沿一个方向搓动搓丝板，此时绒条上的毛会打开，重复动作直至绒条上的毛全部打开。

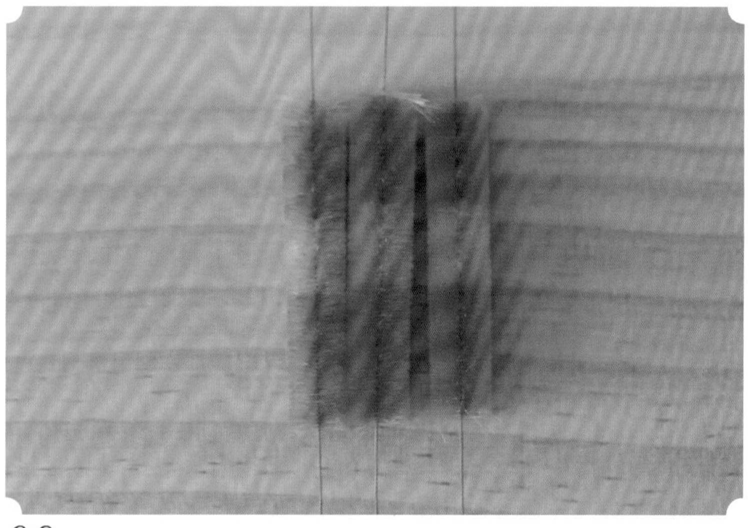

08 这样双向渐变的绒条就做好啦。

小提示

此类绒条适用于对折绒条的花型，如牡丹、梅花、杏花等。

◆ 突变绒条的制作

突变绒条是指用不同色系绒丝颜色作为对比色做出来的绒条。

• 单向突变 •

01 选择不同色系的两种绒丝，两种颜色一前一后。

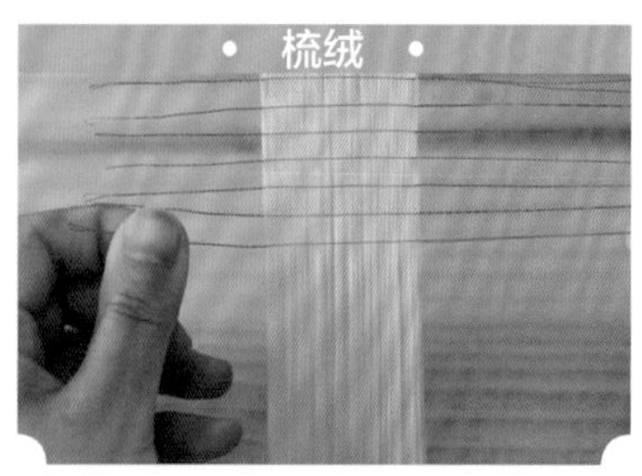

02 固定好以后开始拴铜丝，用铜丝夹住绒丝，左右手指同时发力将铜丝拧紧。

03 将剪刀放置在平行于铜丝的位置上，剪断绒排。

04 剪绒完成。

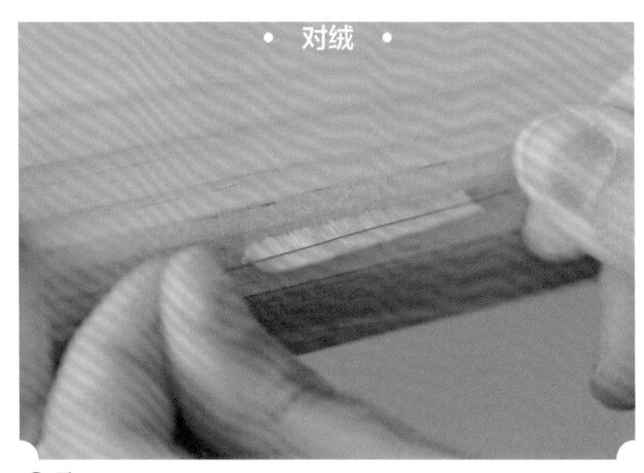

05 用手指捏着剪下的绒条在桌子边沿上轻轻用力，使之对齐。

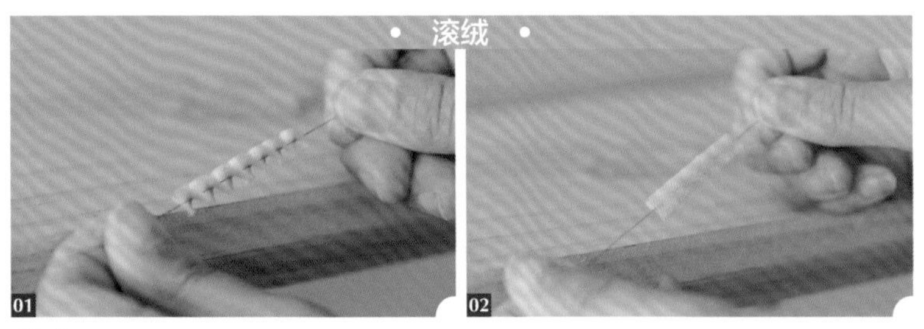

06 一端捏着铜丝，另一端用手指将铜丝拧几圈，这样绒条就搓起来了。

07 用一只手紧紧捏住铜丝的一端，铜丝另一端夹在两块搓丝板之间。用另一只手握住上面的搓丝板，并沿一个方向搓动搓丝板，此时绒条上的毛会打开，重复动作直至绒条上的毛全部打开。

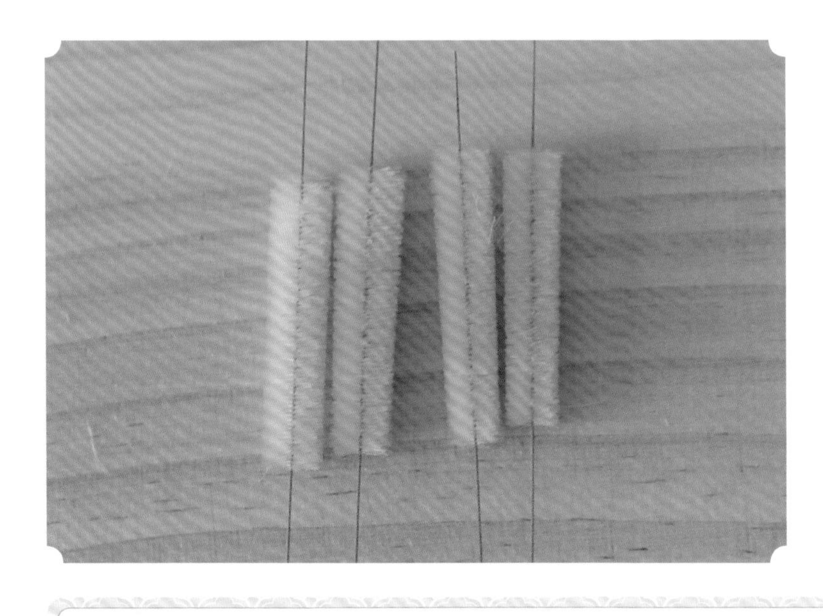

08 这样单向突变的绒条就做好啦。

小提示

此类绒条适用于不对折绒条的花型，如菊花、长型叶子等。

• 双向突变 •

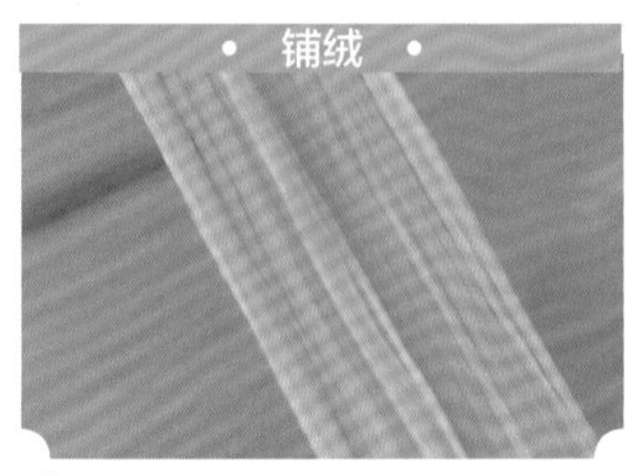

01 选择不同色系的两种绒丝。两种绒丝的颜色分开铺好，整个绒排颜色呈对称的状态。

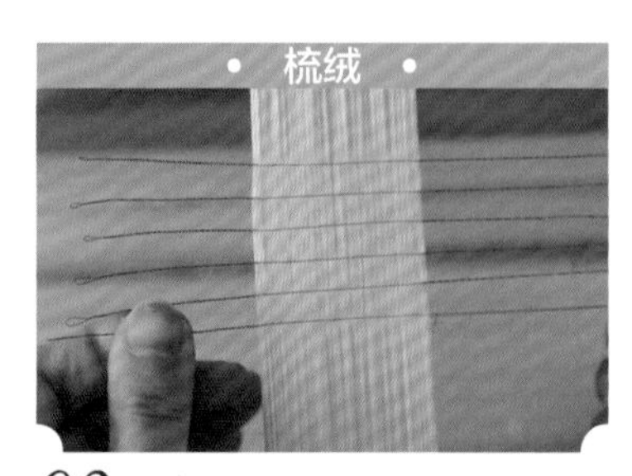

02 固定好以后开始拴铜丝，用铜丝夹住绒丝，左右手指同时发力将铜丝拧紧。

03 将剪刀放置在平行于铜丝的位置上将其剪下。

04 剪绒完毕。

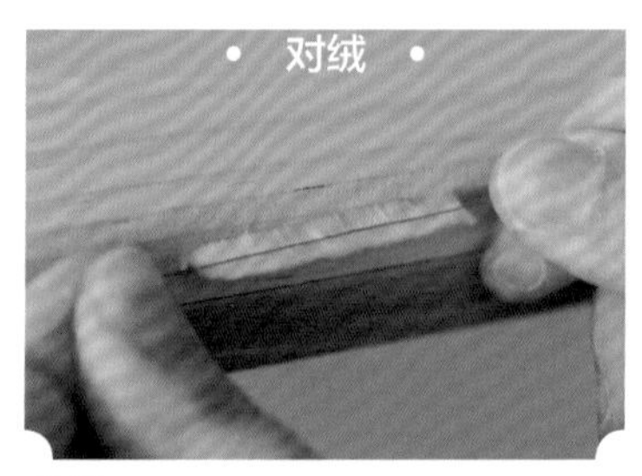

05 将剪下的绒条用手指捏着在桌子沿上轻轻用力，使之对齐。

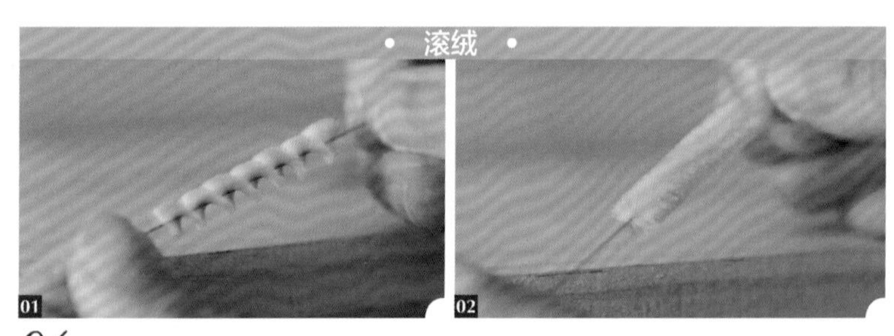

06 一端捏着铜丝，另一端用手指将铜丝拧几圈，这样绒条就搓起来了。

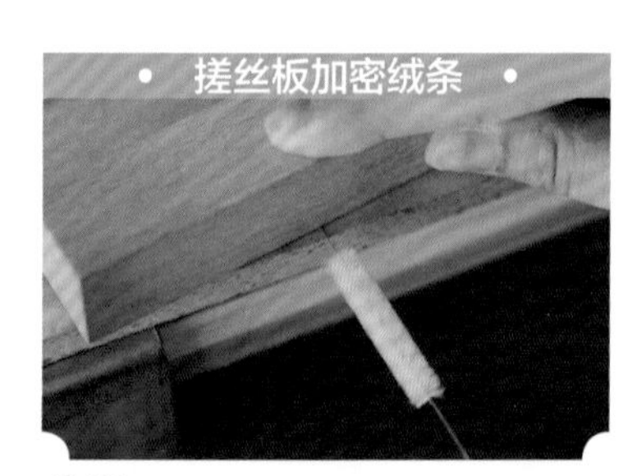

07 搓丝板加密绒条：用一只手紧紧捏住铜丝的一端，另一端夹在两块搓丝板之间。用另一只手握住上面的搓丝板，并沿一个方向搓动搓丝板，此时绒条上的毛会打开，重复动作直至绒条上的毛全部打开。

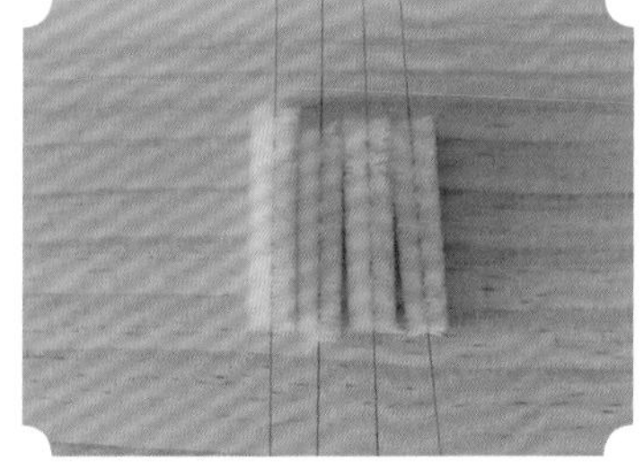

08 这样双向突变的绒条就做好啦。

小提示

此类绒条适用于对折绒条的花型，如桃花、海棠等。

打尖、传花的基本手法

打尖手法

打尖是指修剪绒条的形状，以便于接下来的塑形工作。

• 两头打尖 •

01 先拿出绒条，用左手大拇指和食指捏住铜丝的一端。

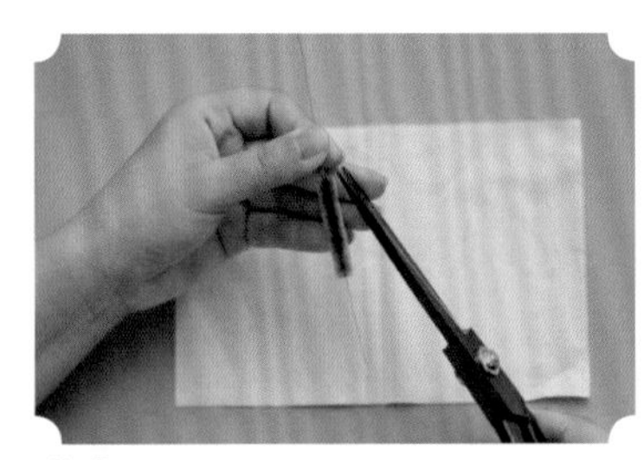

02 将剪刀抵在中指上。

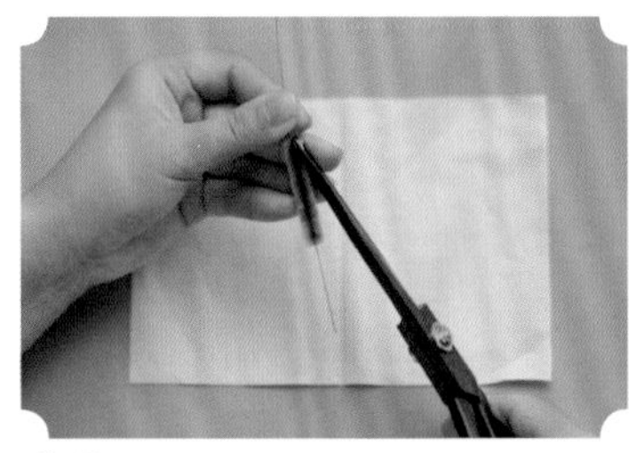

03 调整剪刀的角度，使其和绒条形成 35° 夹角。

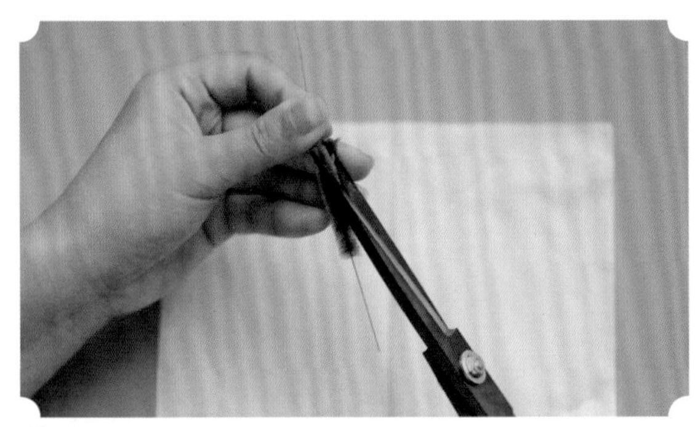

04 轻轻转动绒条的同时用剪刀进行修剪。

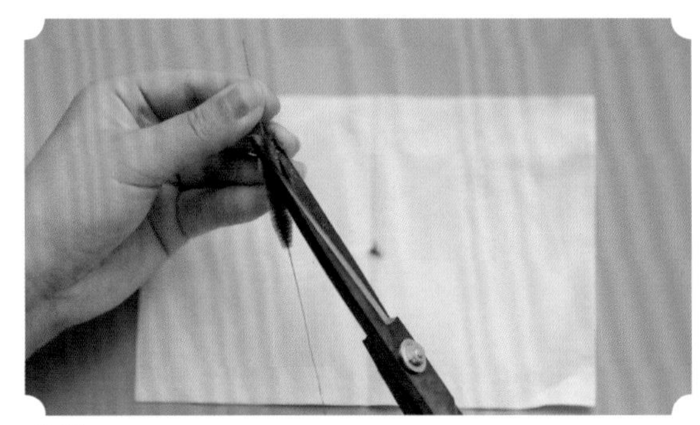

05 另一头用相同方法修剪。

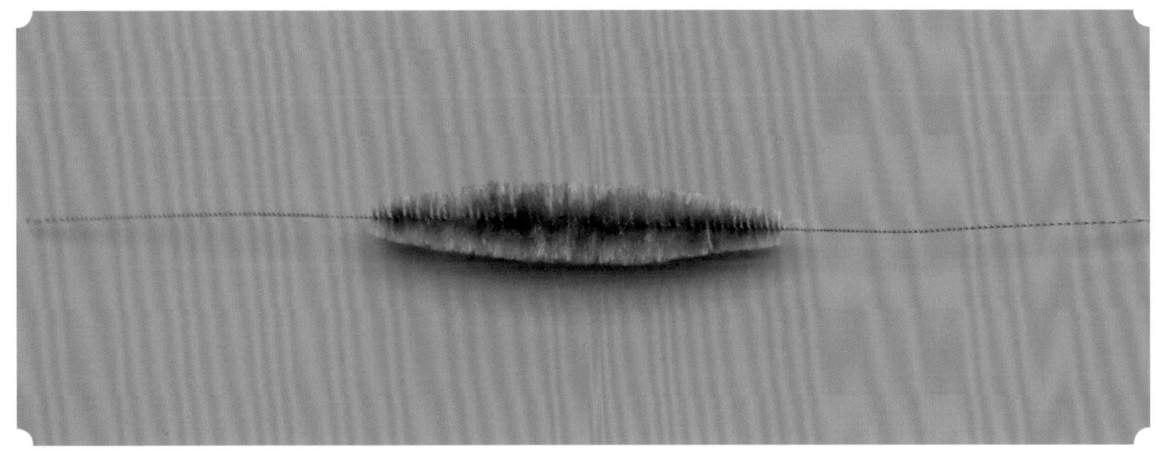

06 修剪完毕。

• 对半打尖 •

01 先拿出绒条。用左手大拇指和食指捏住铜丝一端。

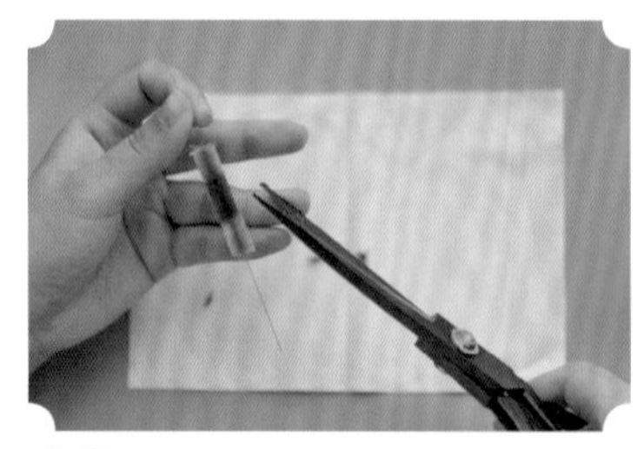

02 将剪刀抵在中指和无名指之间，两指可随意开合调整距离。

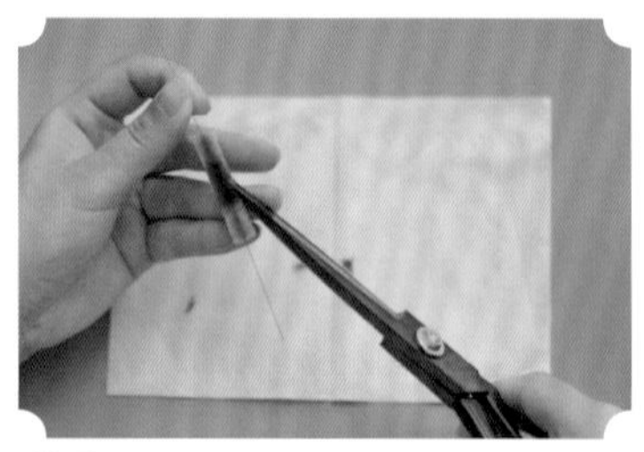

03 将剪刀刀口置于绒条中部位置。调整剪刀的角度，使其和绒条形成 35° 夹角。

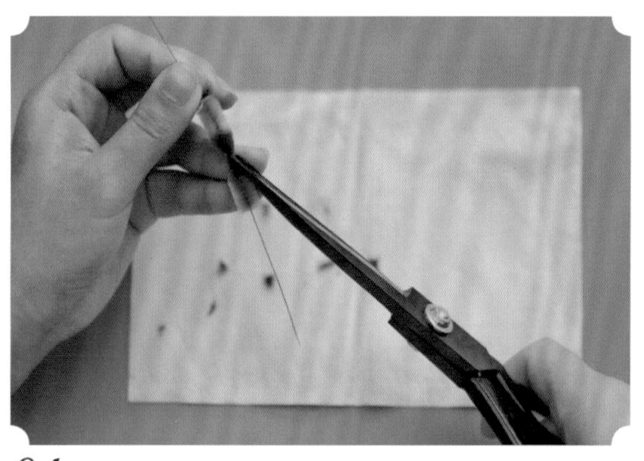

04 轻轻转动绒条，同时用剪刀对绒条进行修剪。

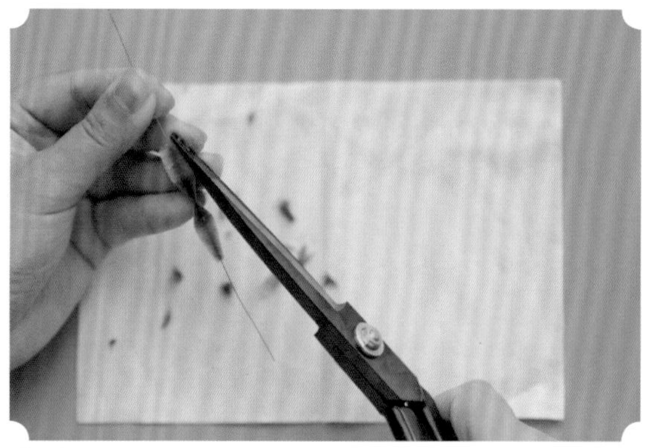

05 绒条中部和两头都要修剪。

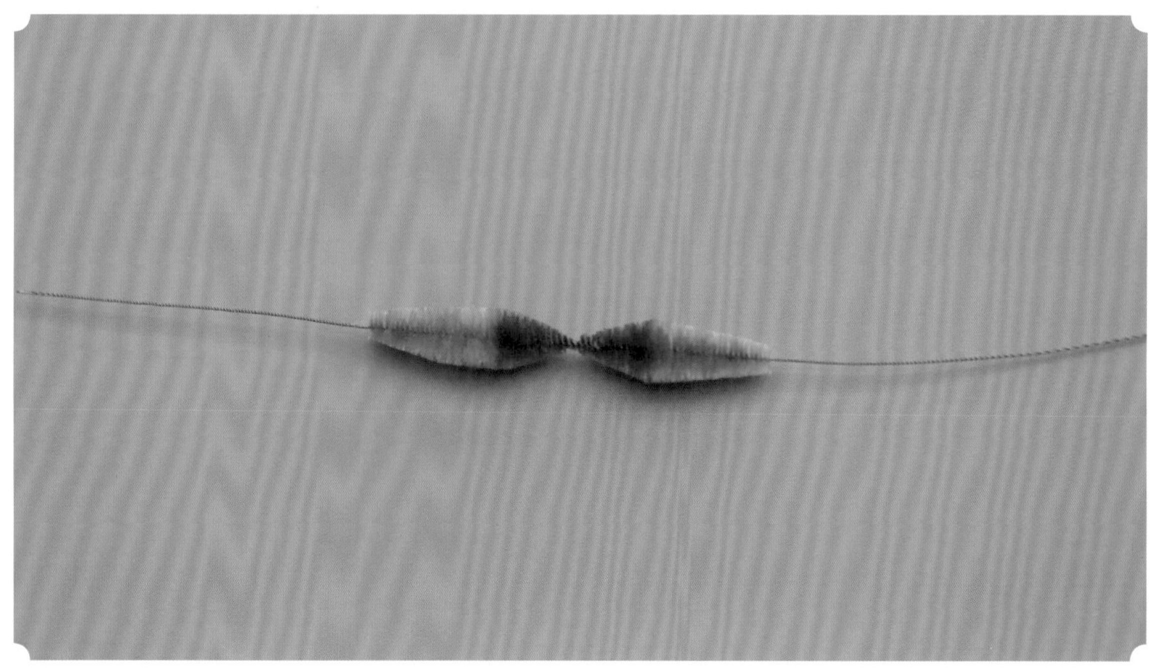

06 修剪完毕。

◆ 传花手法

传花是指将花型组装的过程，后面出现的组装步骤都属于传花。传花过程中添加一个花瓣则缠绕两圈丝线。

01 用镊子捏住花瓣底部方便组装。

02 在组装过程中用镊子对齐花瓣底部。下一个花瓣以上一个花瓣为参照物对齐。

03 用左手大拇指压住丝线一头，右手大拇指和食指捏紧丝线在花瓣底部进行缠绕，每加一个花瓣就要缠绕两圈丝线。

小提示

绒条和绒花的保存方式：

由于绒条的材料是蚕丝，较为娇贵，搓好绒条以后可以将绒条一簇一簇地插在泡沫板上，使用时再取下来打尖。绒花做好以后也可以插在一个泡沫板上。做好的绒花比较忌讳挤压碰撞，所以尽可能单独放置。

绒花的替代材料及使用方法

• 替代材料 •

湘绣线（一般 5 厘米绒排需要 12 根湘绣线）。

• 湘绣线的特点 •

单根绒量大且捻线较为松散，容易梳绒，颜色较为丰富，不用自己染色，可供感兴趣的体验者使用。

• 湘绣线的使用方法 •

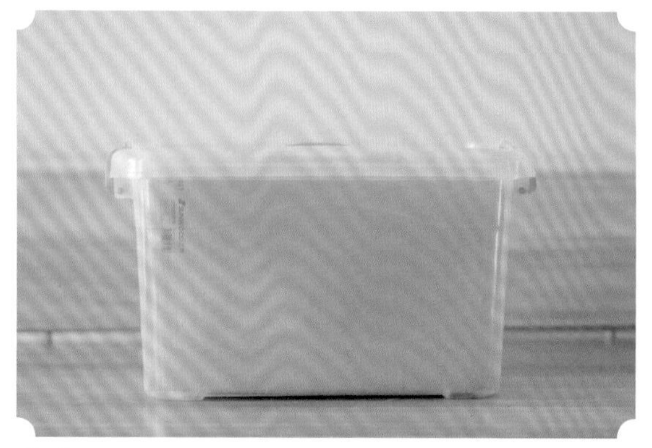

01 准备一个材料箱（可往里放点书增加重量）。

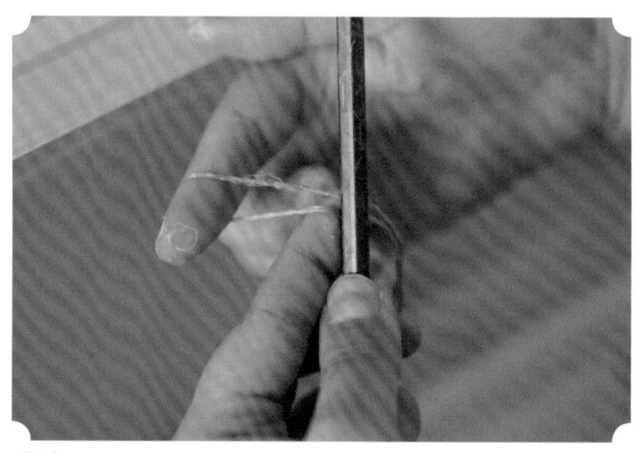

02 拿出一根铅笔（也可以换成其他细长的物体）。

03 如图所示，拴好湘绣线。

04 按照步骤 03 拴好多根湘绣线，拴好以后的效果如图。

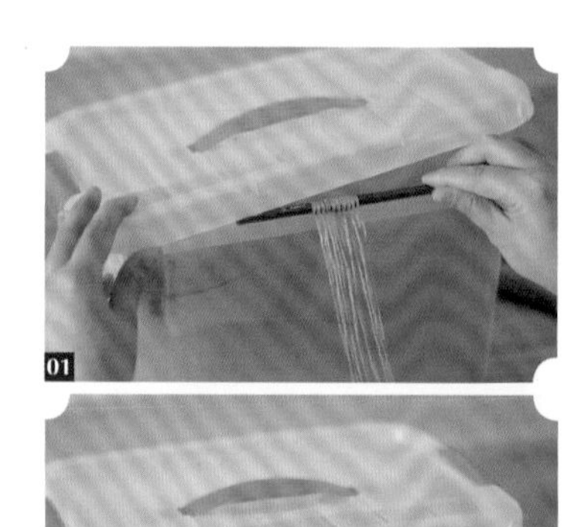

05 将铅笔夹在材料箱中并盖紧盖子。

• 劈丝 •

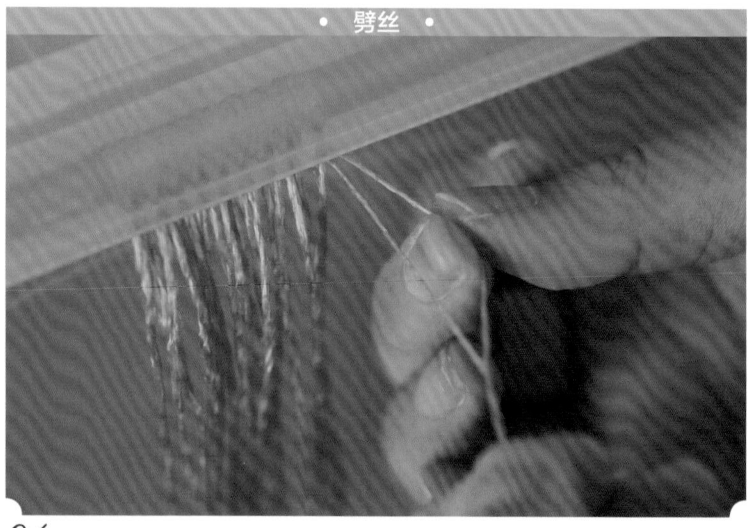

06 把捻起来的丝线一分为二，防止梳绒时出现打结的情况。

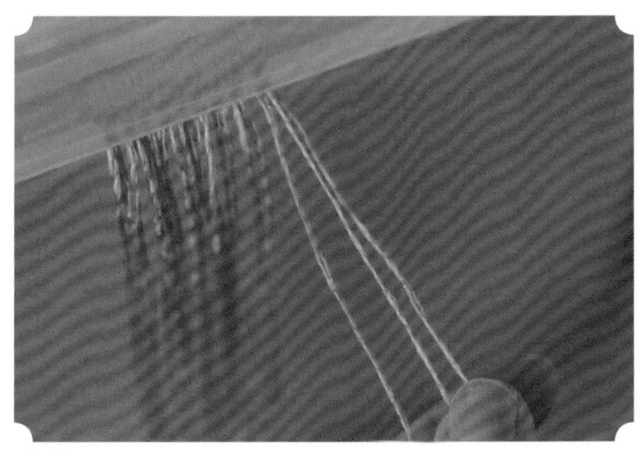

07 劈开的丝线和未劈开的对比如图。

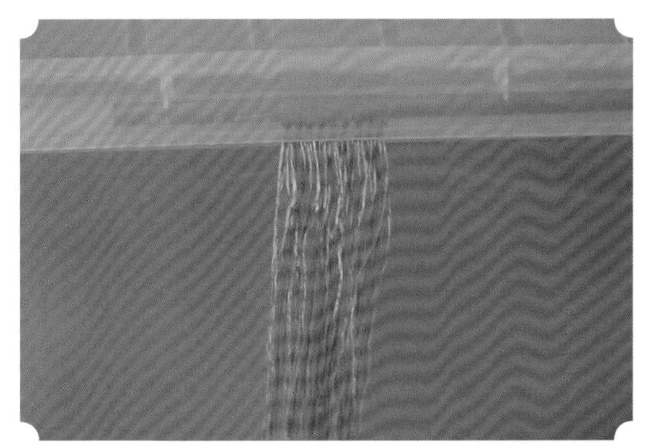

08 将所有丝线劈开。

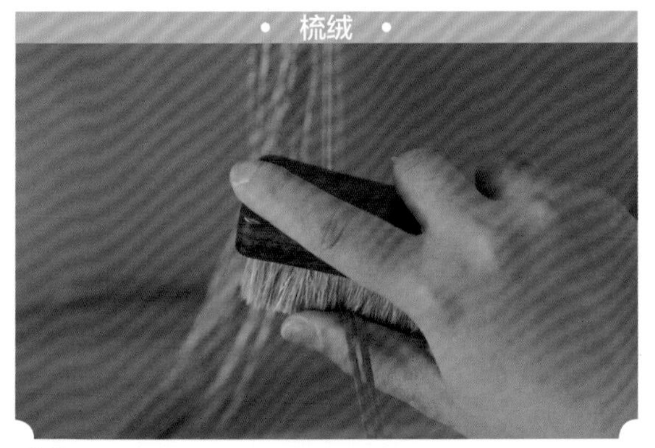

09 四根丝线为一组，用鬃毛刷慢慢梳理。

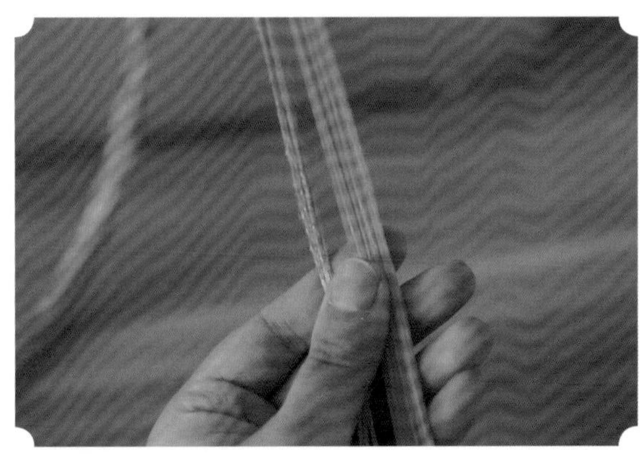

10 梳好和未梳好的丝线对比，右边为梳好的丝线，左边为未梳好的丝线。

11 整体再梳一遍绒，将下端整理好。

12 用夹子将丝线下端夹到桌沿上。

这样用湘绣线替代的绒丝就铺好了。

剩下步骤与绒线的操作方法相同。

第二章

基础花型和叶子的制作方法

基础花型·五瓣花

五瓣花是绒花花型中最基础也是最简单的一种，梅花、桃花、梨花等均可采用相同做法。制作过程中要做到剪刀和手密切配合，花瓣的绒条不可太厚重也不可太稀疏。

• 材料与工具 •

绒条、花蕊、丝线、尺子、剪刀、镊子、打火机。

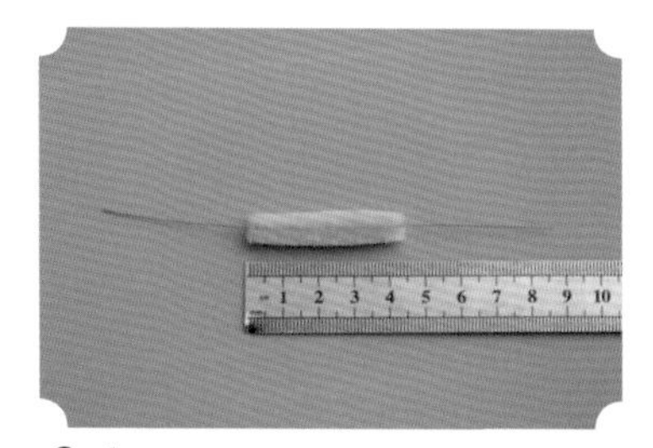

01 准备 4.5 厘米长的蓝色绒条 5 根。

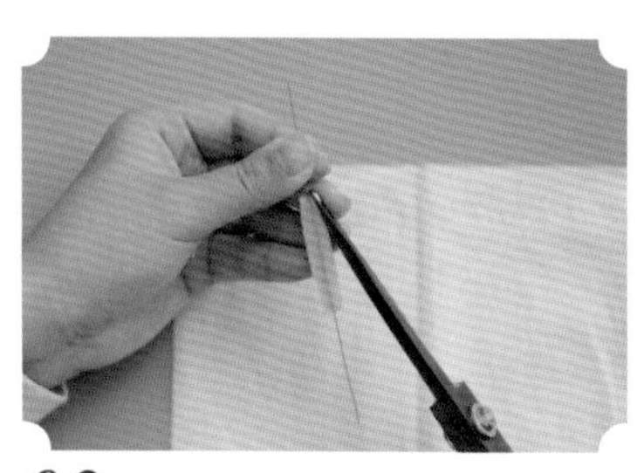

02 用剪刀对绒条的两端进行修剪。

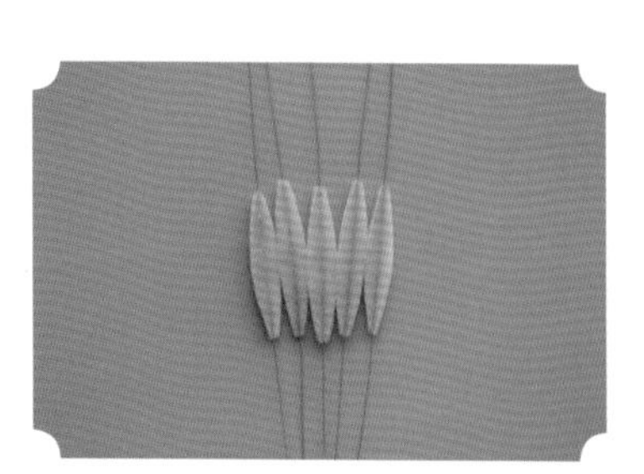

03 依次修剪 5 根绒条。

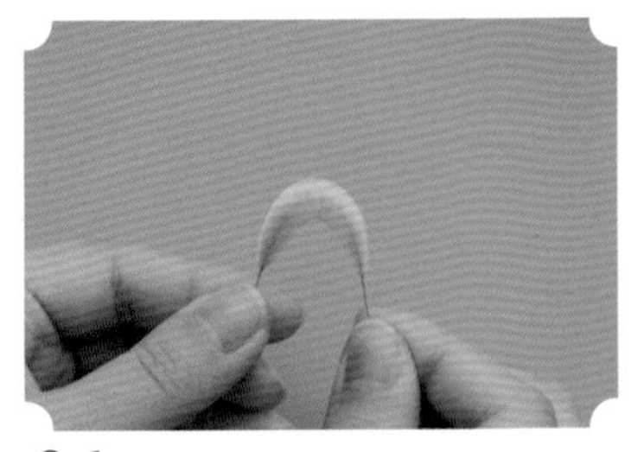

04 将修剪好的绒条对折弯成一个花瓣。

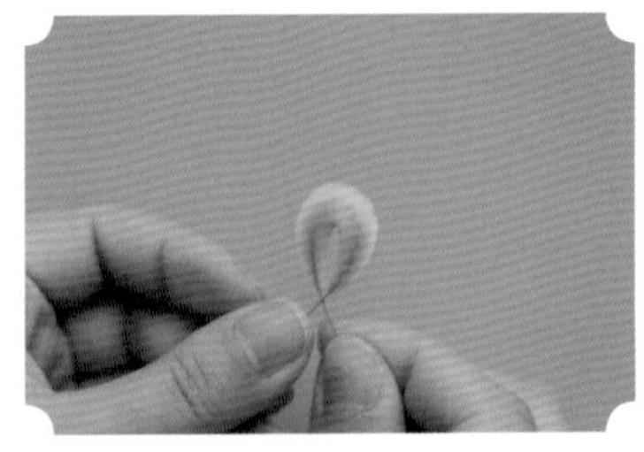

05 将两端的铜丝拧在一起。

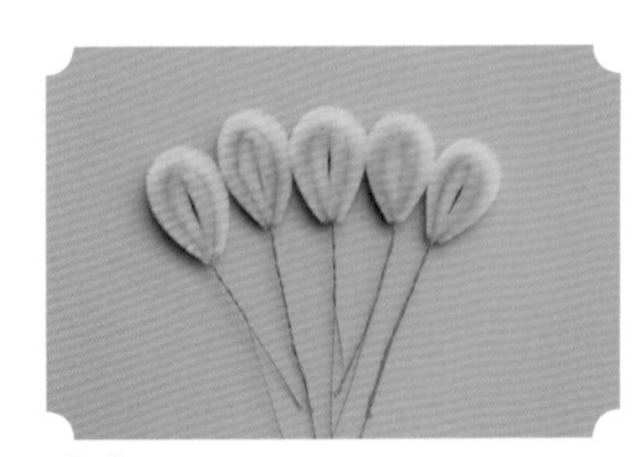

06 按同样的方式制成 5 根绒条备用。

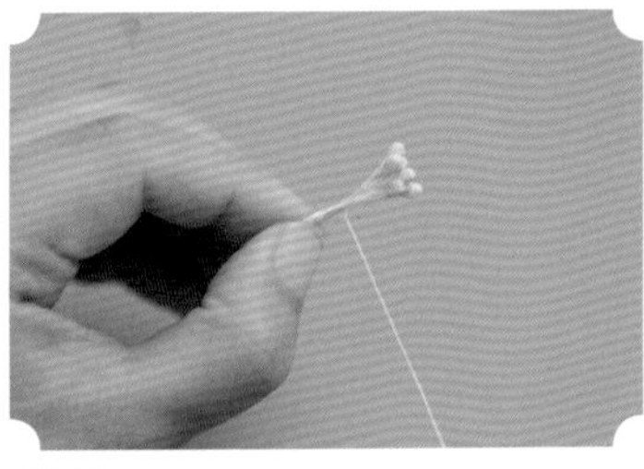

07 取出 4 根黄头的花蕊并对折。用左手大拇指和食指捏住丝线的一头，右手拇指和食指捏紧丝线的另一头在花蕊底部进行缠绕。

08 组装花瓣与花蕊，右手拇指和食指在花瓣和花蕊底部进行缠绕，缠绕两圈后组装第二个花瓣，并接着缠绕丝线。

09 继续将丝线向下缠绕，包裹住裸露的铜丝，绕一段距离后可将丝线打结，剪断丝线，用打火机收尾。

10 用镊子调整花型。

11 调整完成。

12 五瓣花制作完成。

基础花型·百合花

百合花的花型难度略高于前面提到的的五瓣花，与五瓣花做法的不同之处在于百合花的花瓣需要对半打尖，打尖时要注意剪刀和手指的位置，多次练习，熟练之后就能做出满意的花瓣啦。

- **材料与工具**

绒条、丝线、花蕊、尺子、剪刀、镊子、打火机。

01 准备 5.8 厘米长的双向渐变蓝色绒条 5 根。

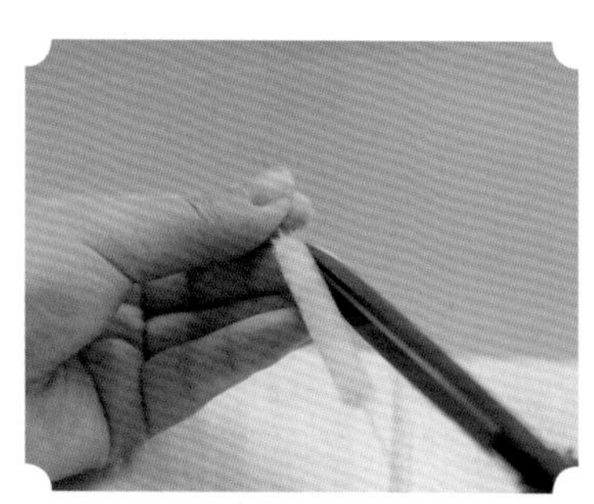

02 对半打尖。

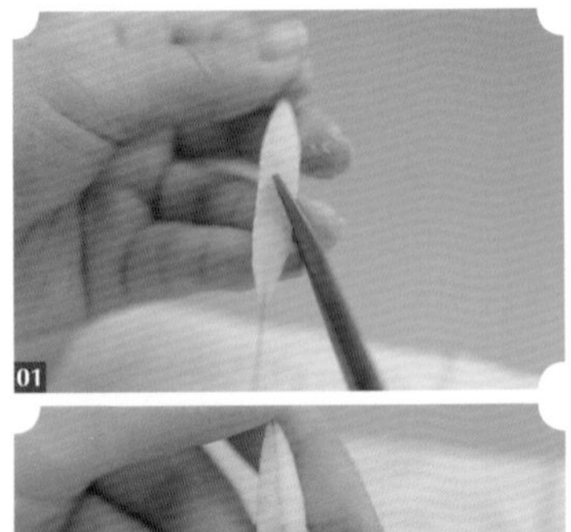

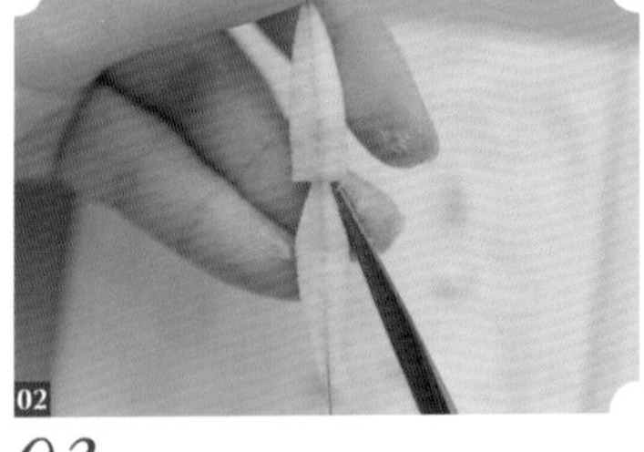

03 打尖时注意剪刀和手指的位置，剪刀和绒条呈 35° 角。

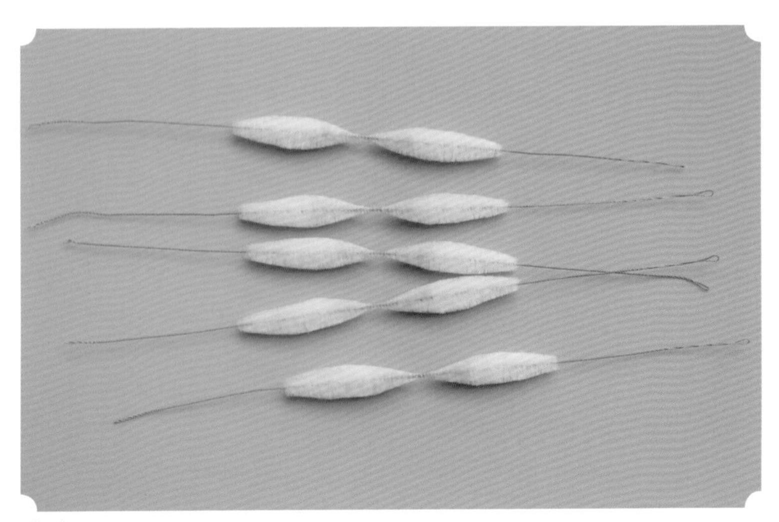

04 一朵花需要 5 根绒条，打尖完毕后如图所示。

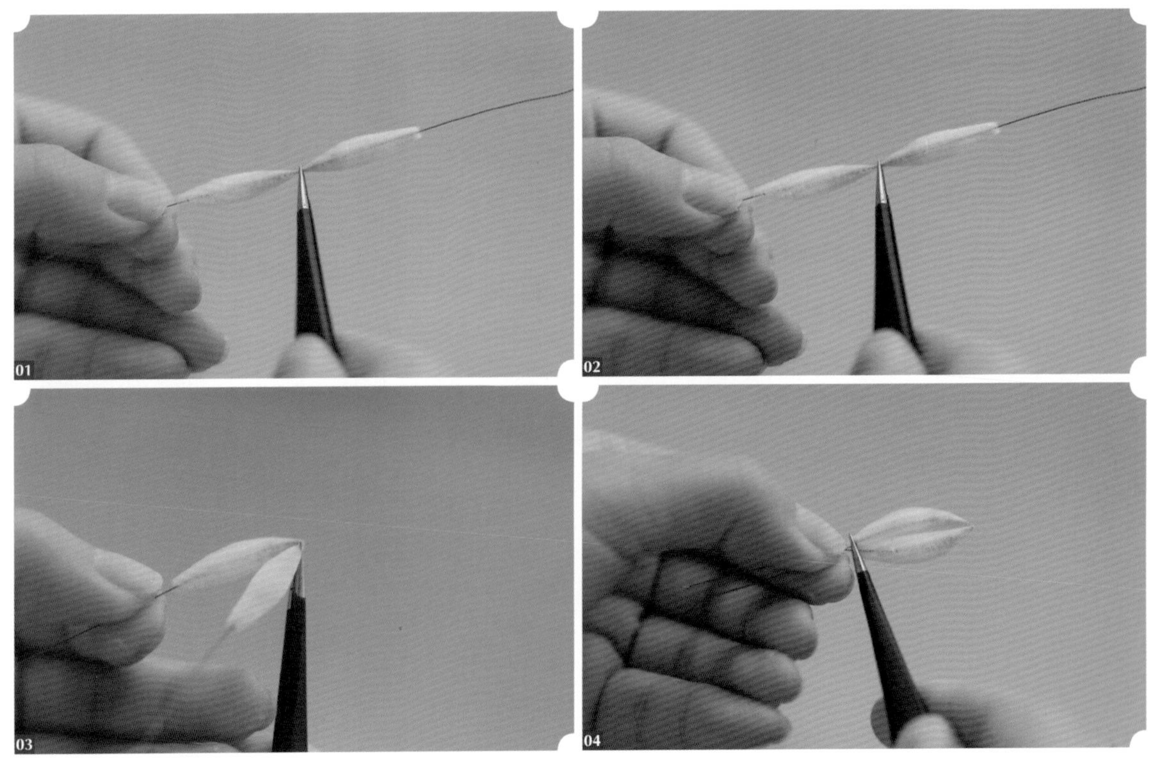

05 用镊子调整绒条使其对称，之后对折并将两端铜丝拧在一起，形成一个花瓣的形状。

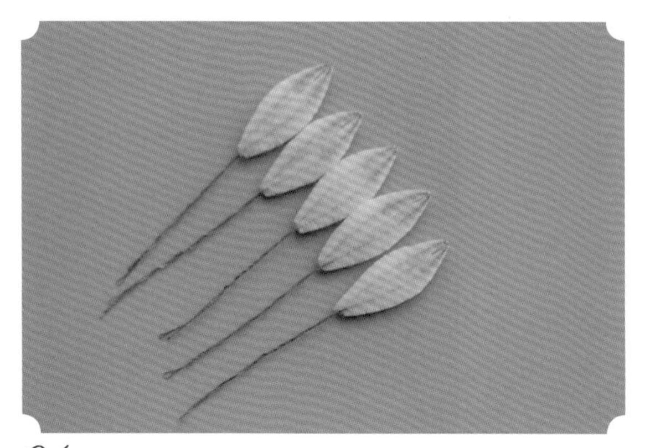

06 将 5 个花瓣依次整理好。

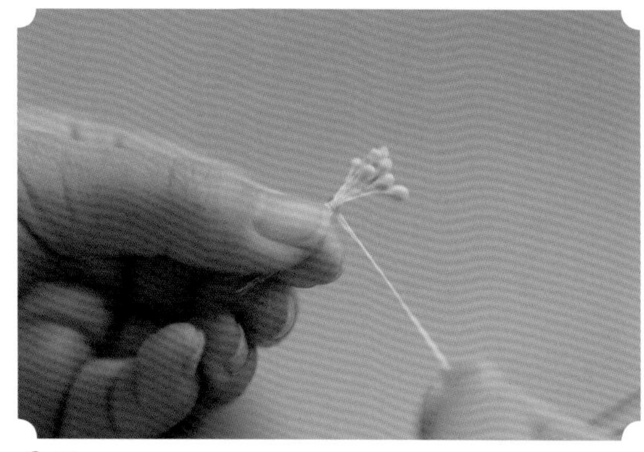

07 取出浅蓝色丝线和 4~5 根黄头花蕊，将花蕊对折，用左手拇指压住丝线一头，右手拇指和食指捏紧丝线在花蕊底部缠绕。

08 进行传花中的绕线步骤，每加一个花瓣就缠绕两圈丝线，直到 5 个花瓣依次捆扎好。

09 用镊子整理花瓣的弧度，使花瓣顶部略微弯曲。

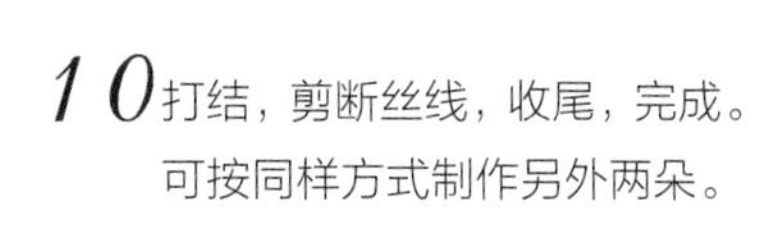

10 打结，剪断丝线，收尾，完成。可按同样方式制作另外两朵。

长型叶

• 材料与工具 •

绒条、丝线、尺子、剪刀、夹板、定型水、打火机。

长型叶按照立体和平面的区别可分为扁条型和圆条型。扁条型的绒条需要将绒量减少，绒毛稀疏一点，这样压出来的叶子才会呈现薄如蝉翼的效果；圆条型的叶子则需要绒量放多，绒毛浓密一点，这样做出来的叶子才圆润。

> **小提示**
> 案例中叶子尺寸可按照自己的需要随意变动。

圆条型

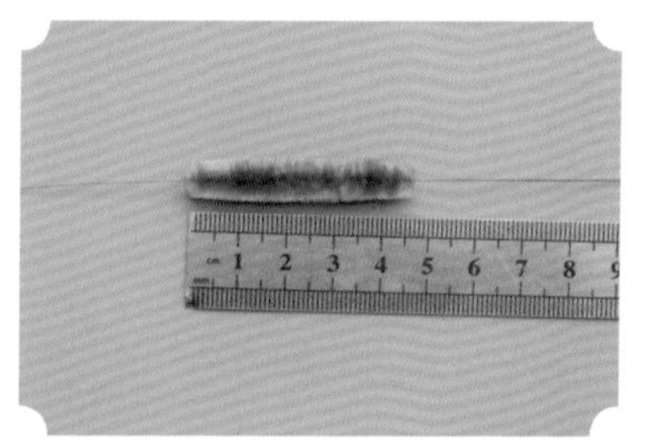

01 准备好 4.8 厘米长的绿色绒条一根。

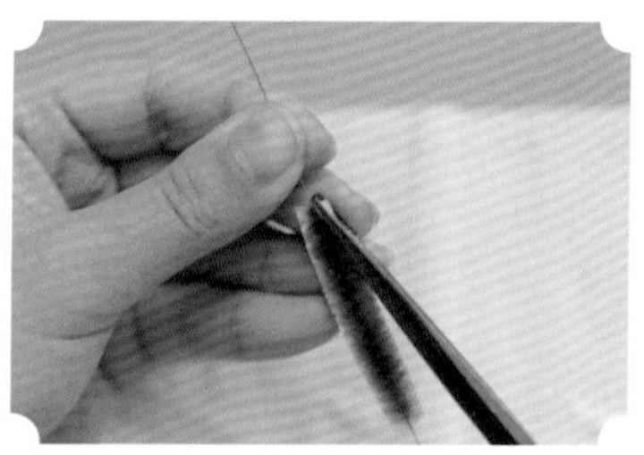

02 两头打尖。

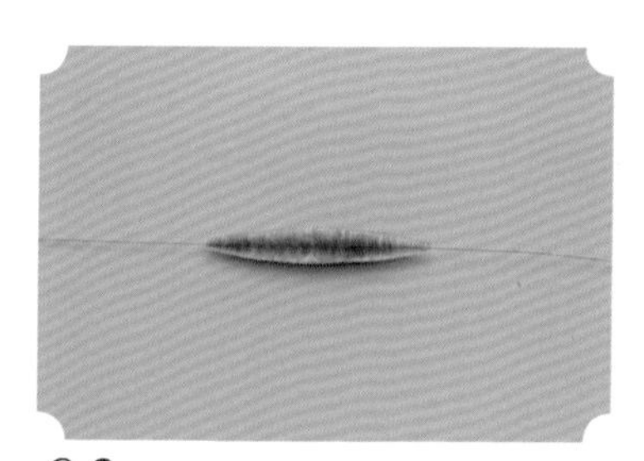

03 打尖完成。

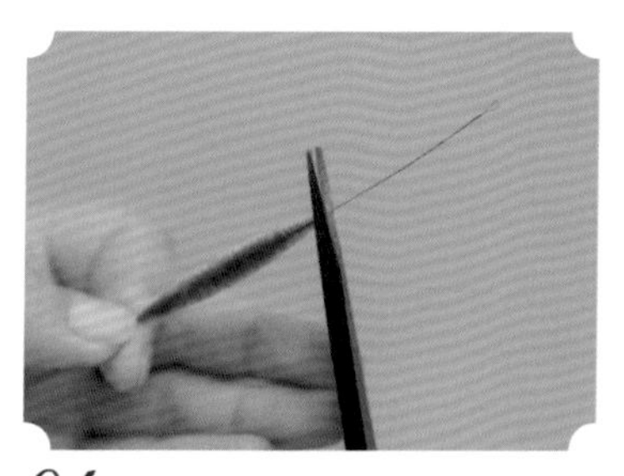

04 剪掉一端的铜丝。

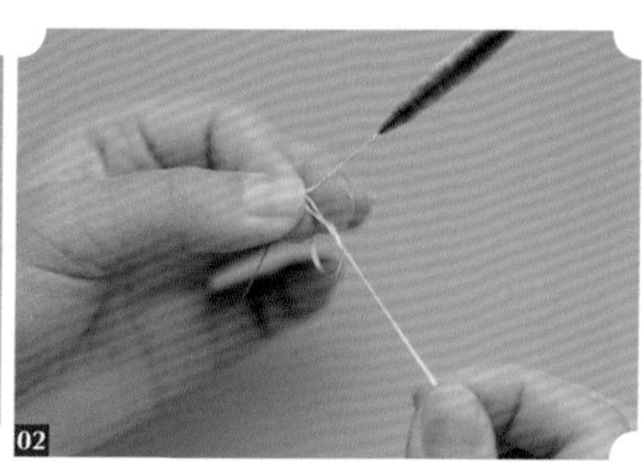

05 在另一端铜丝处缠好丝线。

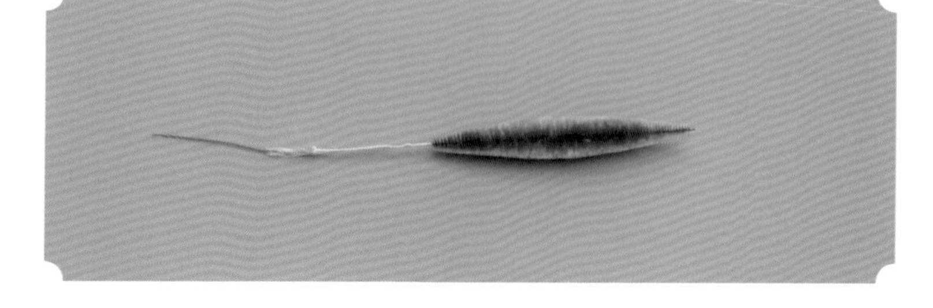

06 打结，收尾，完成，可与其他花瓣任意组装。

扁条型

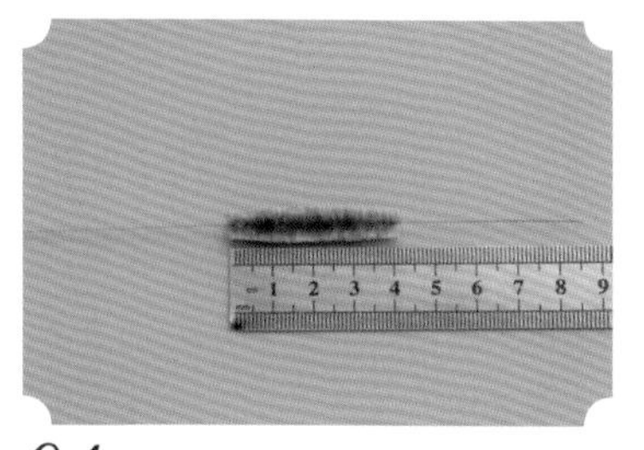

01 准备一根 4.2 厘米长的绿色绒条。

02 两头打尖。

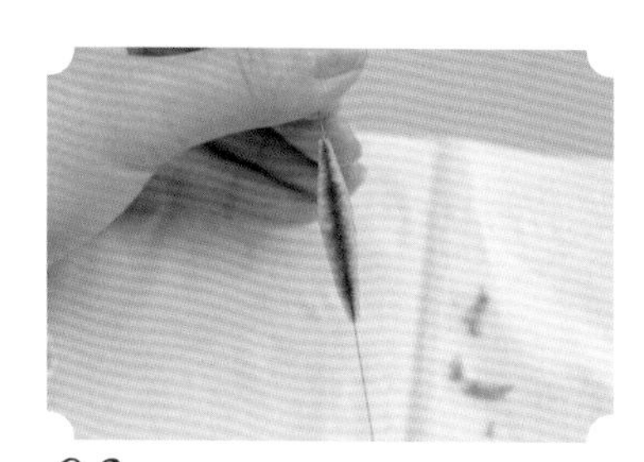

03 打尖完成。

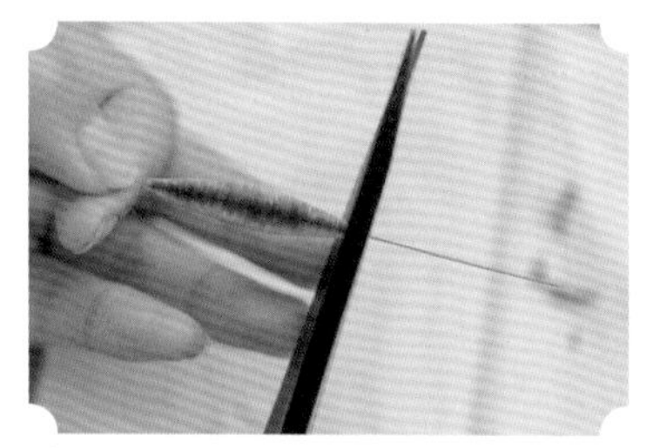

04 剪掉一端的铜丝。

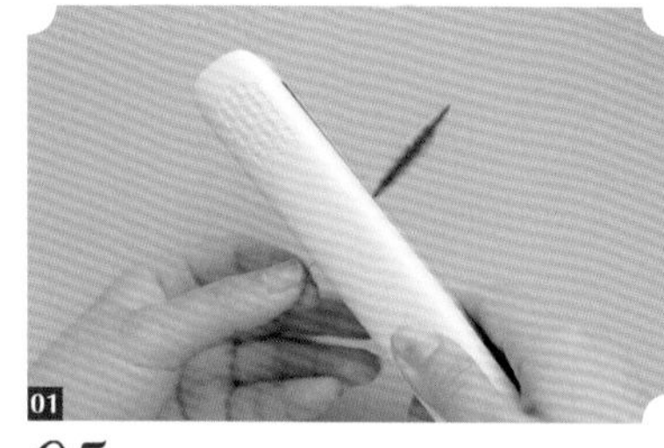

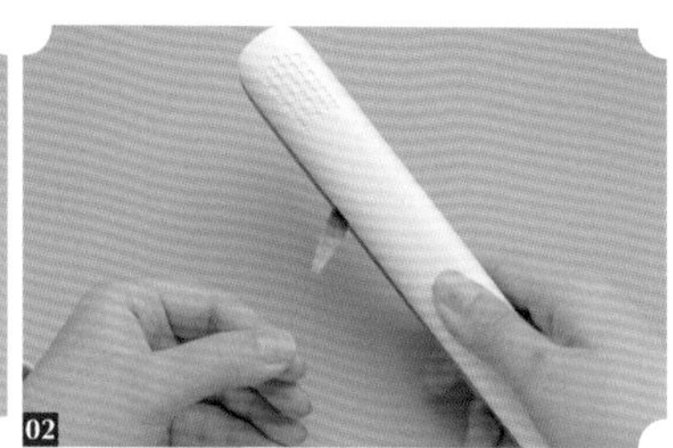

05 用夹板将绒条从下到上夹平。

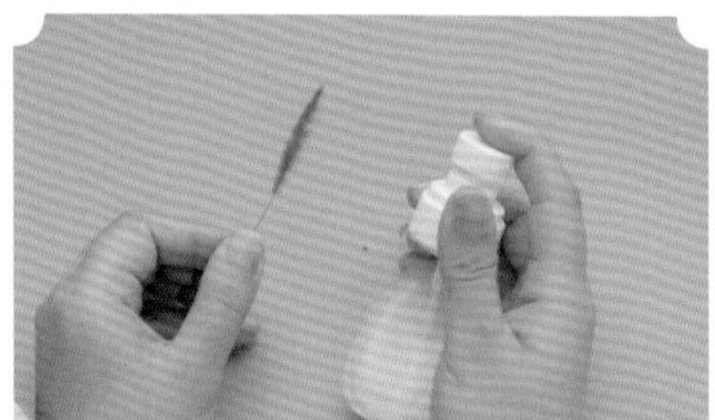

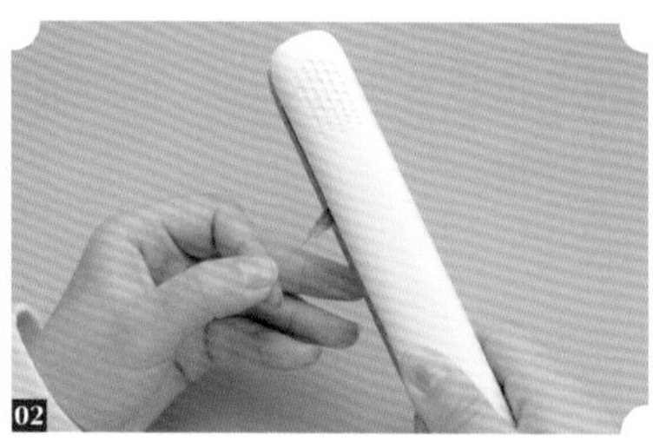

06 用定型水对着压平的绒条喷一遍，再用夹板夹一次。

07 用剪刀修剪绒条的形状。

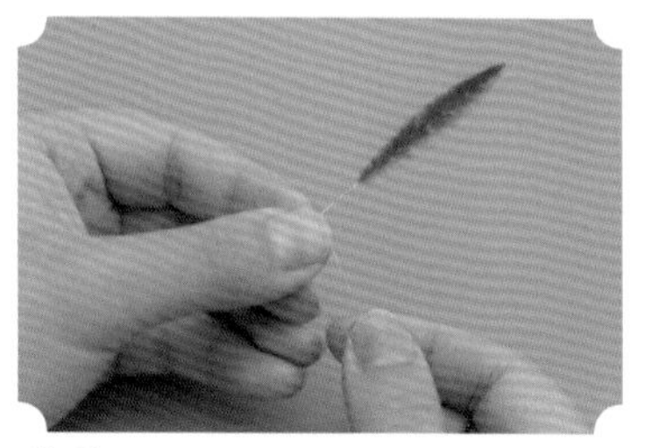

08 在另一端铜丝处缠好丝线。

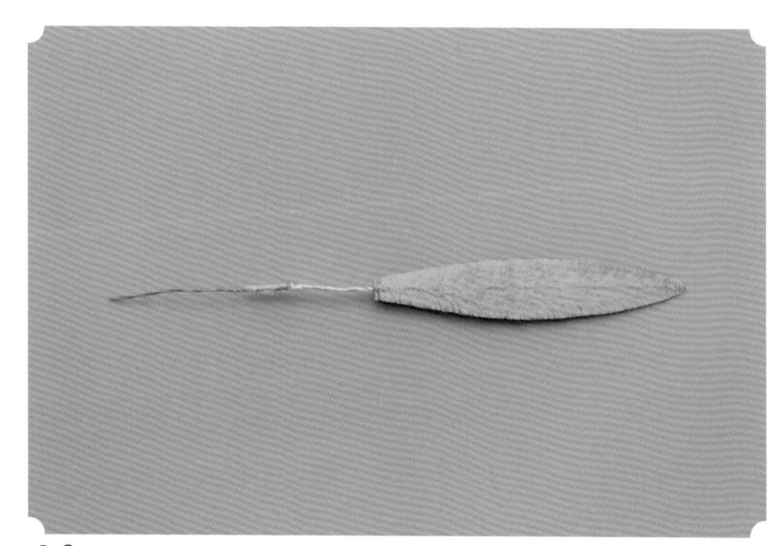

09 打结，收尾，完成，可与其他花瓣任意组装。

圆型叶

• 材料与工具 •

绒条、尺子、剪刀、镊子、夹板、定型水。

圆型叶也可分为圆条型和扁条型，做这类叶子时要注意对半打尖的技巧，切不可粗糙大意。

圆条型

01 准备 6.5 厘米长的绿色绒条一根。

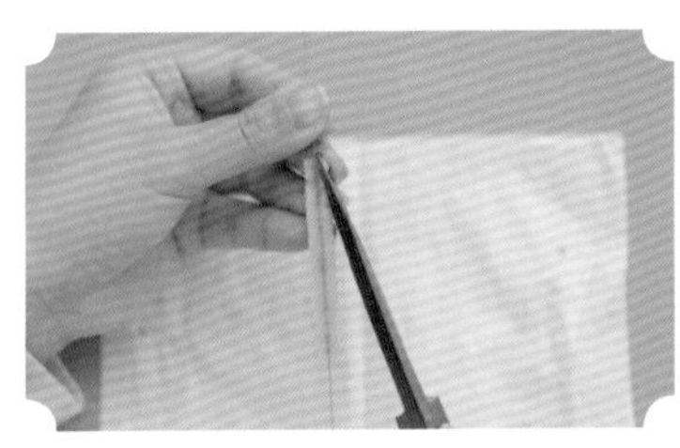

02 先两头打尖。

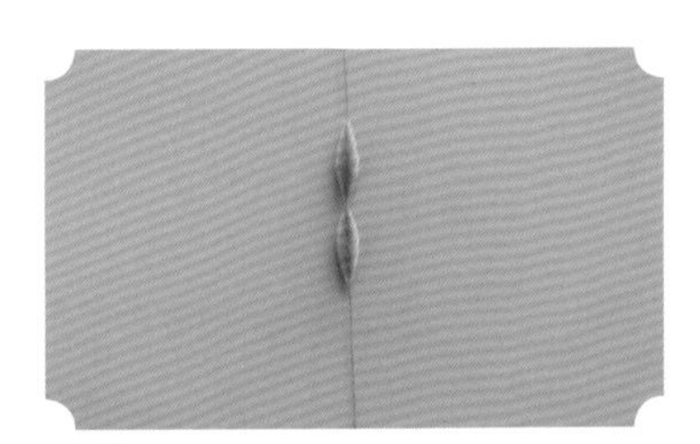

03 再对半打尖。

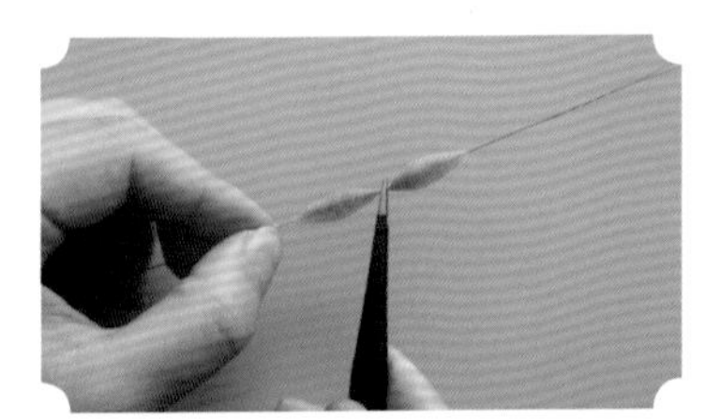

04 用镊子将铜丝对折并将两端铜丝拧在一起。

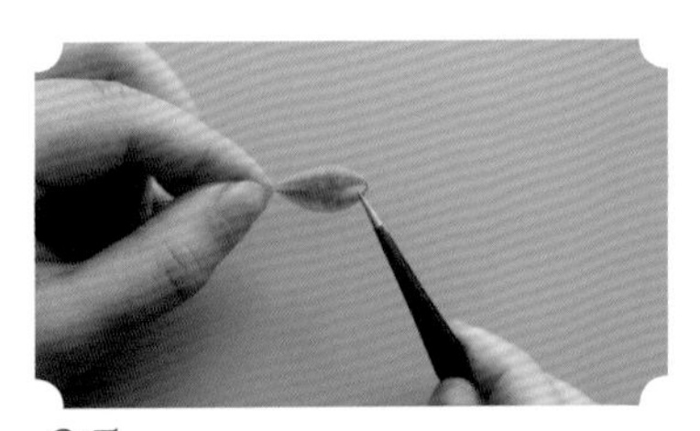

05 用镊子调整形状。

06 完成，可与任意花瓣进行组装。

扁条型

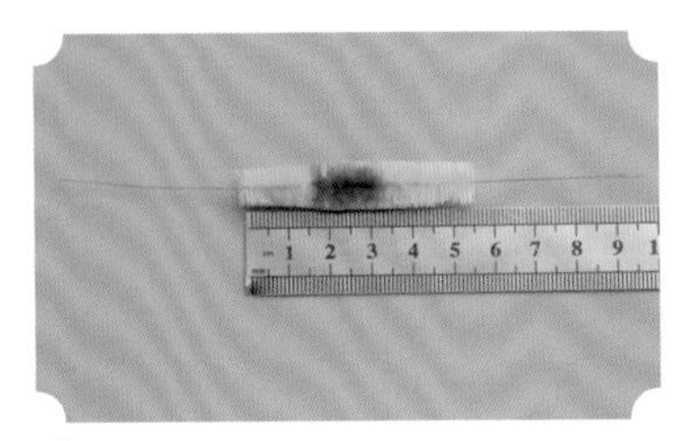

01 准备 5.5 厘米长的双向渐变绿色绒条一根。

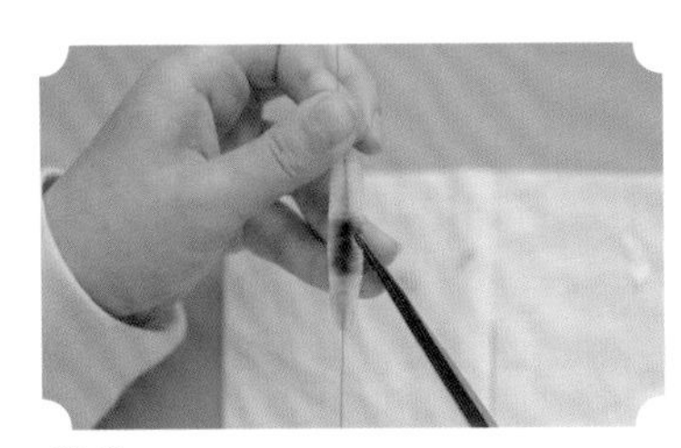

02 两头打尖完成，再从中间对半打尖。

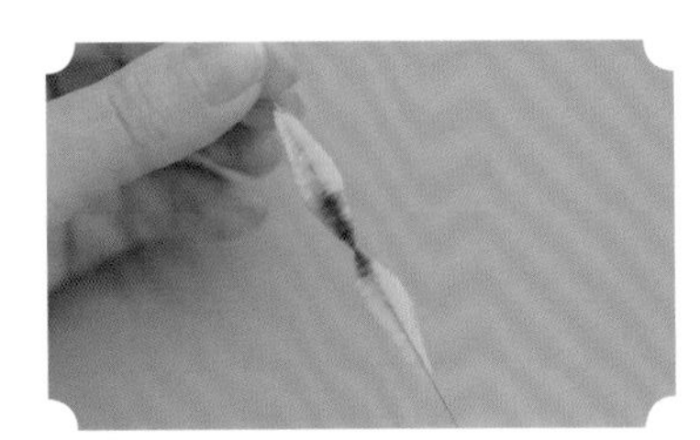

03 打尖完成。

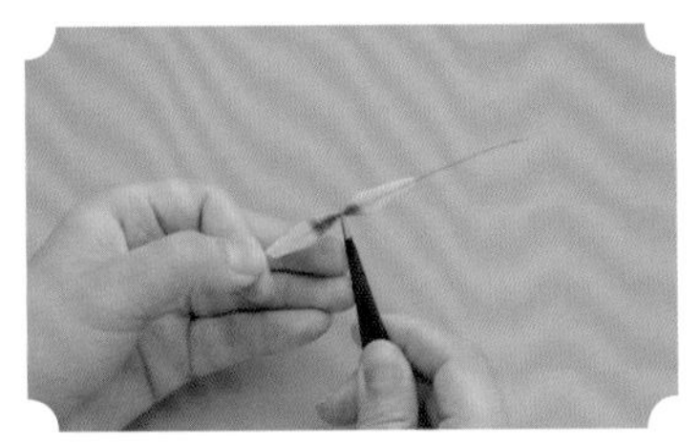

04 用镊子将铜丝对折，两端铜丝拧在一起。

05 再将其调整成叶子的形状。

06 用夹板将绒条从下到上夹平。

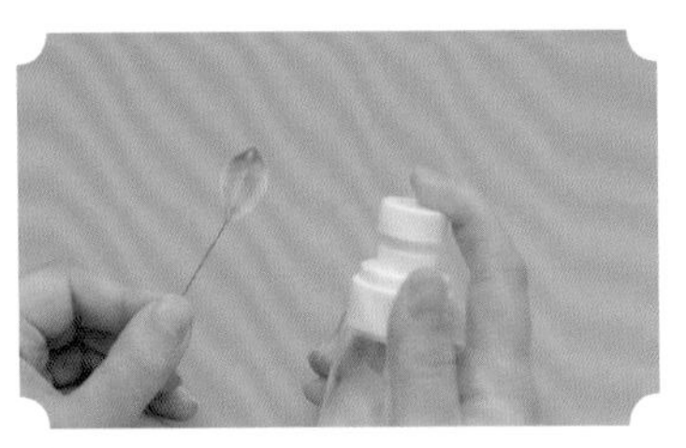

07 喷一些定型水在绒条上，再用夹板夹一次。

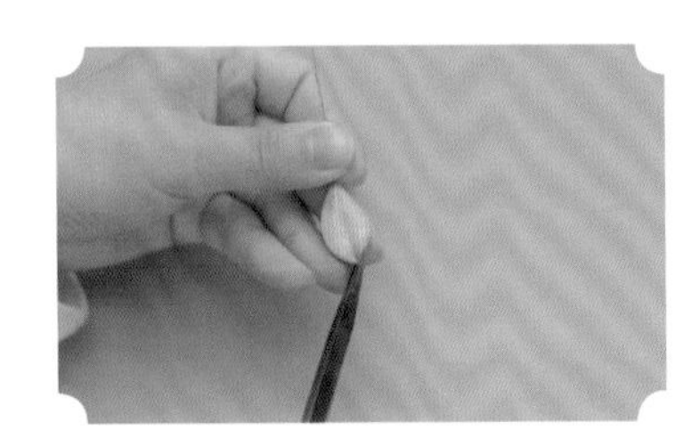

08 修剪形状。

09 完成，可与其他花瓣任意组装。

球型

• 材料与工具 •

绒丝、铜丝、剪刀、搓丝板。

球型的绒条在排绒的时候要注意间距，由于其形状过于独特，所以从绑绒讲起。

01 球型的绒丝要厚一点，这样绒条才会饱满。

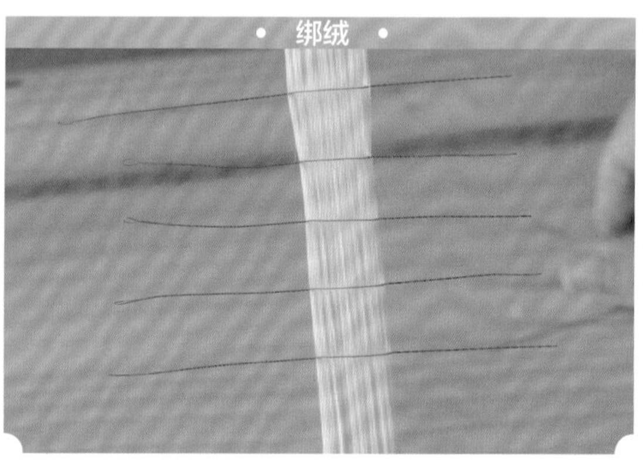

02 用铜丝夹住绒丝，左右手指同时发力，向相对方向搓铜丝，将铜丝拧紧。

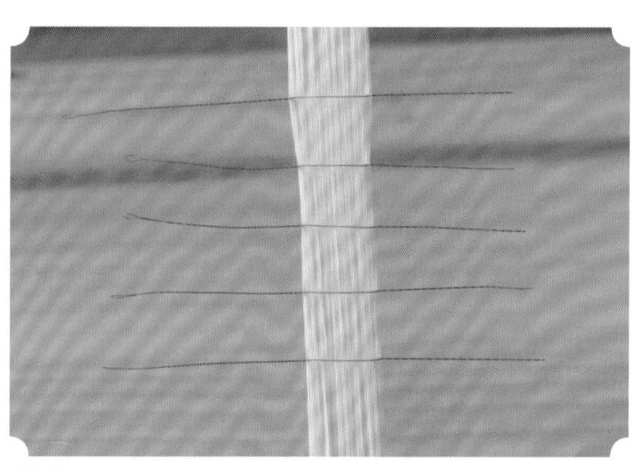

03 铜丝之间间隔约 3.5 厘米。

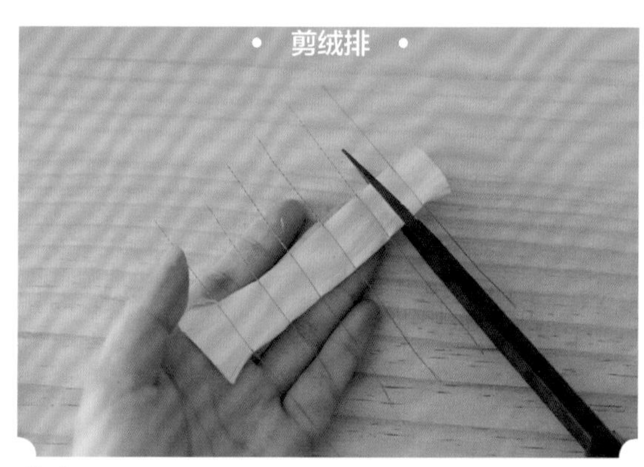

04 剪刀平行于铜丝，在两排铜丝中间的位置将绒丝剪断。

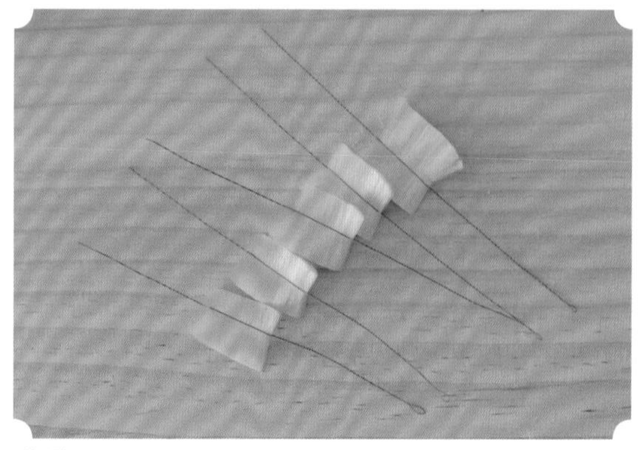

05 剪下的绒条如图。

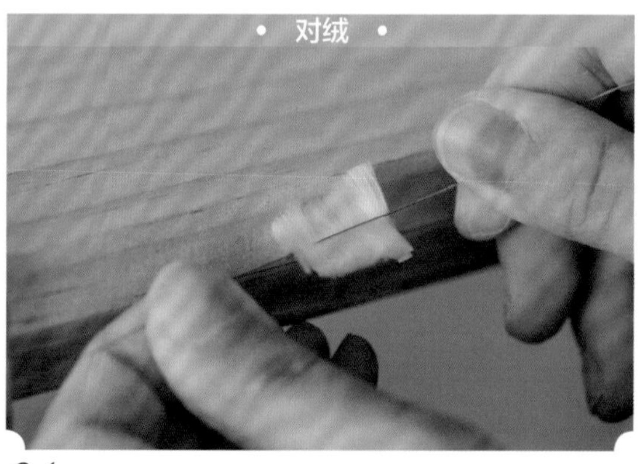

06 用手指捏住两端铜丝，轻轻用力将绒条边缘在桌子边缘对齐。

• 搓绒 •

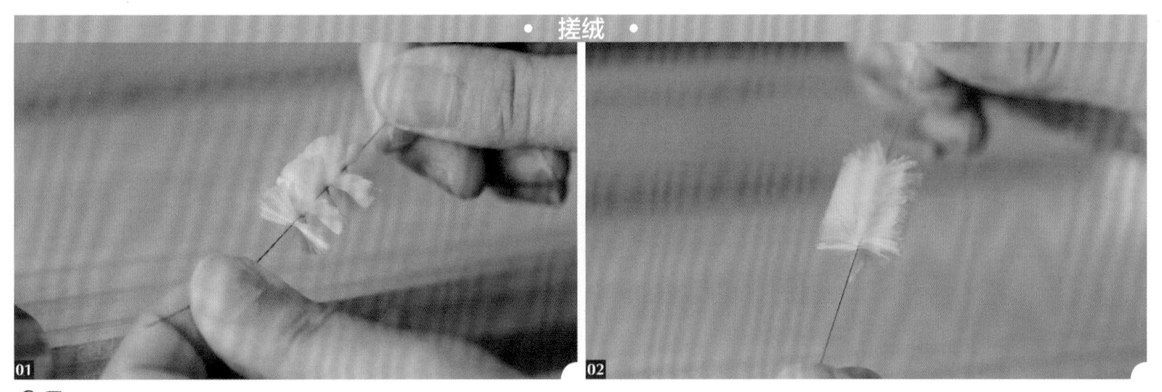

07 一手捏着铜丝一端，另一手捏着铜丝另一端，将铜丝拧几圈。

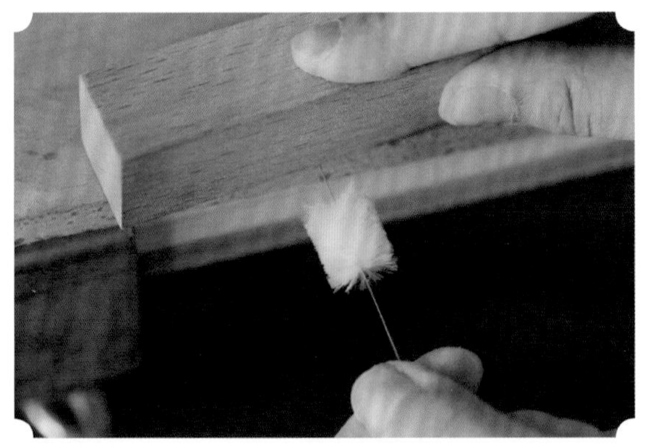

08 用搓丝板将绒条加密，使绒条上的毛全部打开。

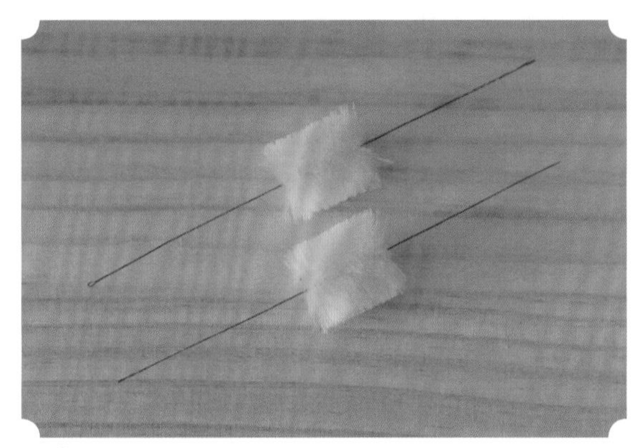

09 绒条完成，球型绒条的边比起其他绒条要宽一点。

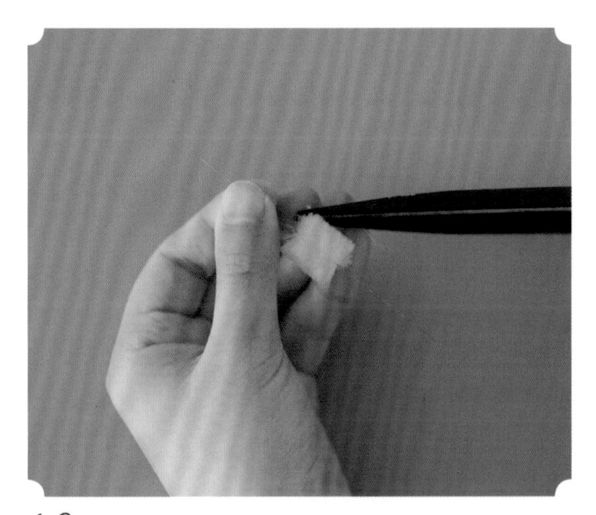

10 用剪刀上下打尖，弧度要圆润。

11 修剪完毕，使用时可以按需求剪掉上端的铜丝。

第三章 传统绒花造型

鬓头花

此款花型模仿了老式绒花中的鬓头花，形状柔和饱满，色彩艳丽，可用于鬓间插戴或当作胸针佩戴。制作过程相比其他花型较为简单，适合新手练习。（缠绕簪棍的技巧和手法将在第六章详细说明。）

• 材料与工具 •

绒条、丝线、簪棍、尺子、剪刀、镊子、打火机。

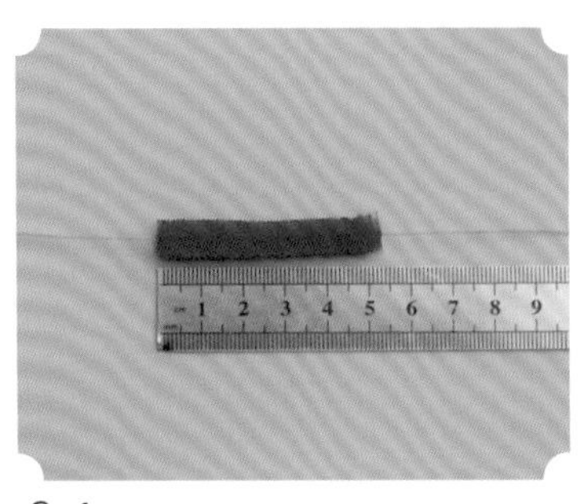

01 准备三根 5.5 厘米长的红色绒条。

02 对半打尖。

03 用镊子将绒条对折，两端铜丝拧紧。

04 按步骤 03 备好三根绒条。

05 准备 4 厘米长的红色绒条 12 根。

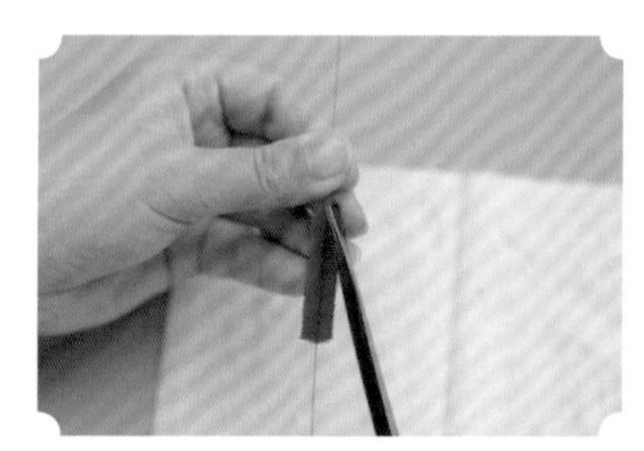

06 依次打尖。

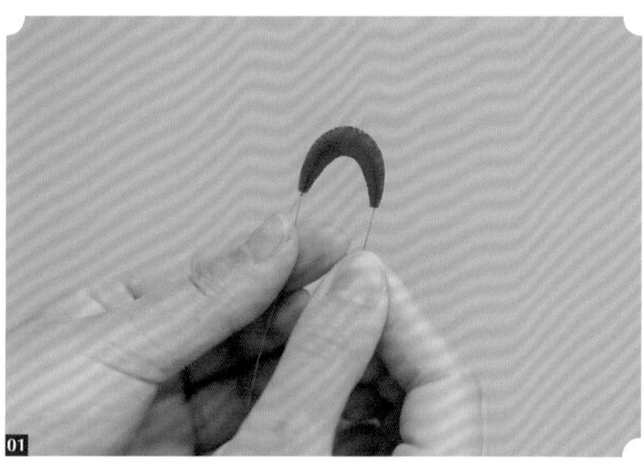

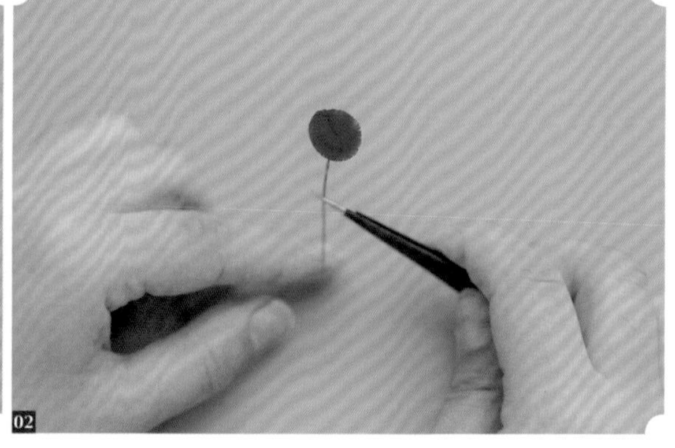

07 绒条弯曲，两端的铜丝拧在一起。制作 10 根这样的绒条作为花瓣。

08 将一根绒条圈成如图所示的样子，将左手握住的铜丝顺时针转到右手握住的铜丝上，将两端铜丝拧在一起，形成花蕊。

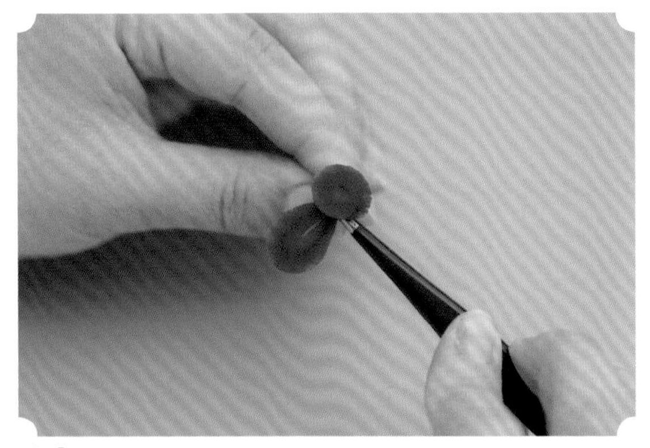

09 用红色丝线将花蕊与花瓣依次组装好。

10 5 个花瓣为一组，组装成两朵花。

11 用丝线把叶子下方裸露的铜丝缠好，按照自己的喜好把三片叶子缠到一起，位置不限。

12 用丝线把叶子与其中一朵花缠绕扎紧，这样叶子和花就能组装到一起。

13 用镊子调整花梗弧度。

14 丝线绑好后再将花梗往下掰，方便下一步操作。

15 再用镊子将另一朵的位置对好，并用丝线将其缠绕捆扎在一起。

16 用丝线将下端裸露的铜丝缠绕包裹好，方便下一步操作。

17 将做好的花用丝线绑在簪棍上，记得始终要拉紧丝线。

18 打结，收尾。

19 用镊子整理花型，完成。

故宫款菊花

本款菊花是故宫典藏款，虽然形状看起来简单，但是包括了绒球、长型绒条和叶子，制作过程相比普通的菊花稍显复杂。（缠绕簪棍的技巧和手法将在第六章详细说明。）

• 材料与工具 •

绒条、丝线、簪棍、尺子、剪刀、镊子、打火机。

◆ 花瓣部分

01 准备 2.8 厘米、4 厘米、5 厘米长的粉蓝突变绒条各 9 根、10 根、12 根。

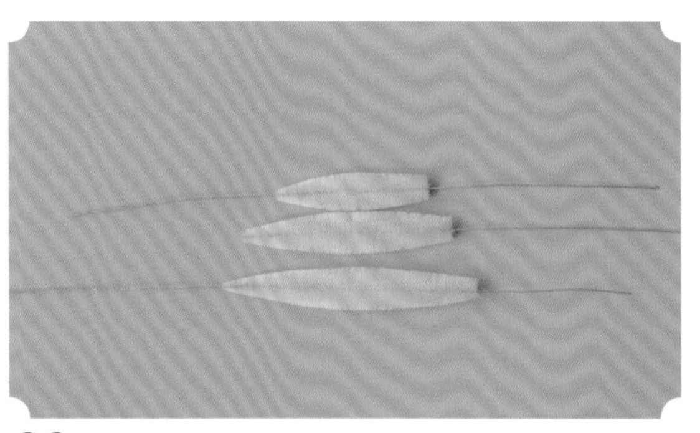

02 依次打尖，打尖完毕先放置在一边。

花心部分

01 准备宽和厚均为 2.5 厘米的橘色绒条一根。

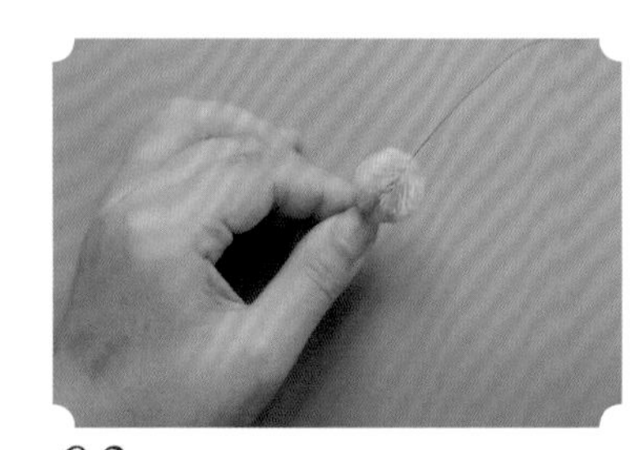

02 修剪成圆润的球型。

03 剪掉一端的铜丝，备用。

叶子部分

01 准备 4.3 厘米长的绿色绒条 15 根。

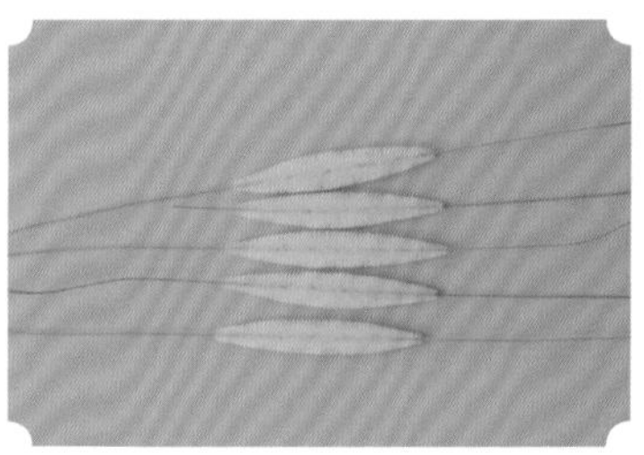

02 依次打尖，每 5 根为一组。

03 将 5 根绒条前端的铜丝剪去，下端的铜丝拧在一起。

04 用镊子捋一下绒条，进行塑形。

05 一片叶子制作完毕。

06 依次做好三片叶子。

组装

01 拿出绒球当作花蕊，将 2.8 厘米长的绒条当作菊花的第一层花瓣。

02 用镊子把第一层绒条朝花蕊方向弯一下，所有花瓣相同操作，包裹住花蕊。

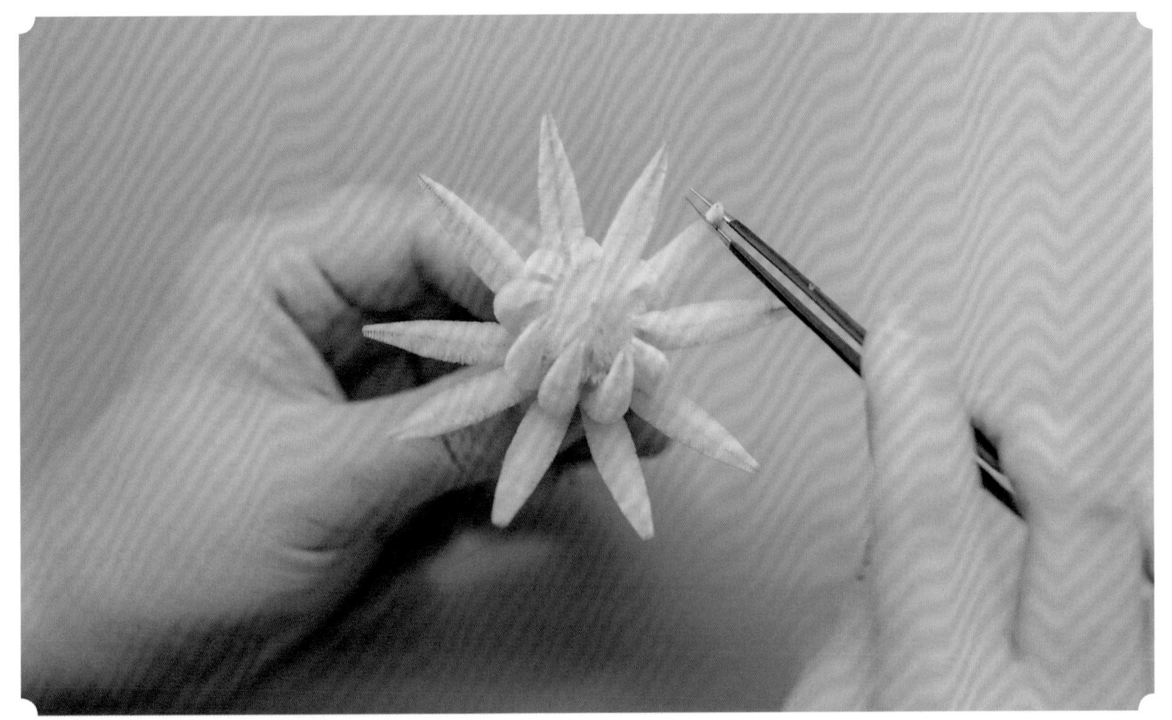

03 第一层组合完毕后开始组装第二层。

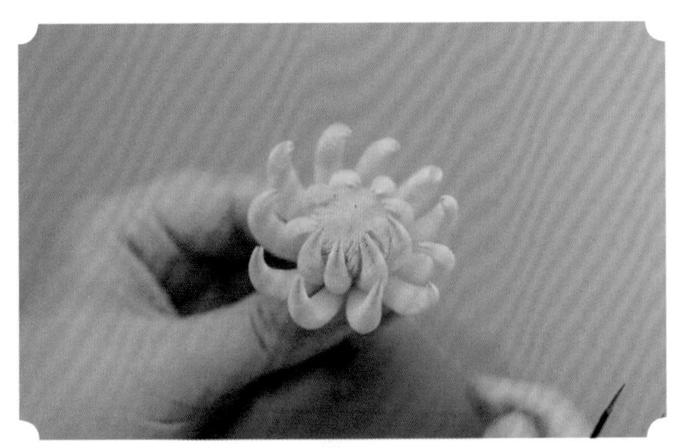

04 用镊子顺着铜丝调整花瓣弧度。

05 三层花瓣全部组装完毕。

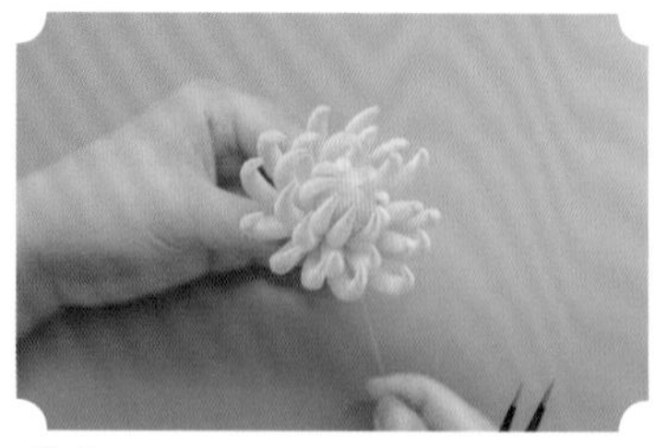

06 用丝线在花朵底部捆扎整齐。

07 拿出刚刚准备好的叶子，用丝线将其与菊花进行组装。

08 在捆扎丝线时，要时刻注意线要扎紧，不能松手。最后用丝线将花朵与簪棍绑在一起，打结，用打火机收尾。

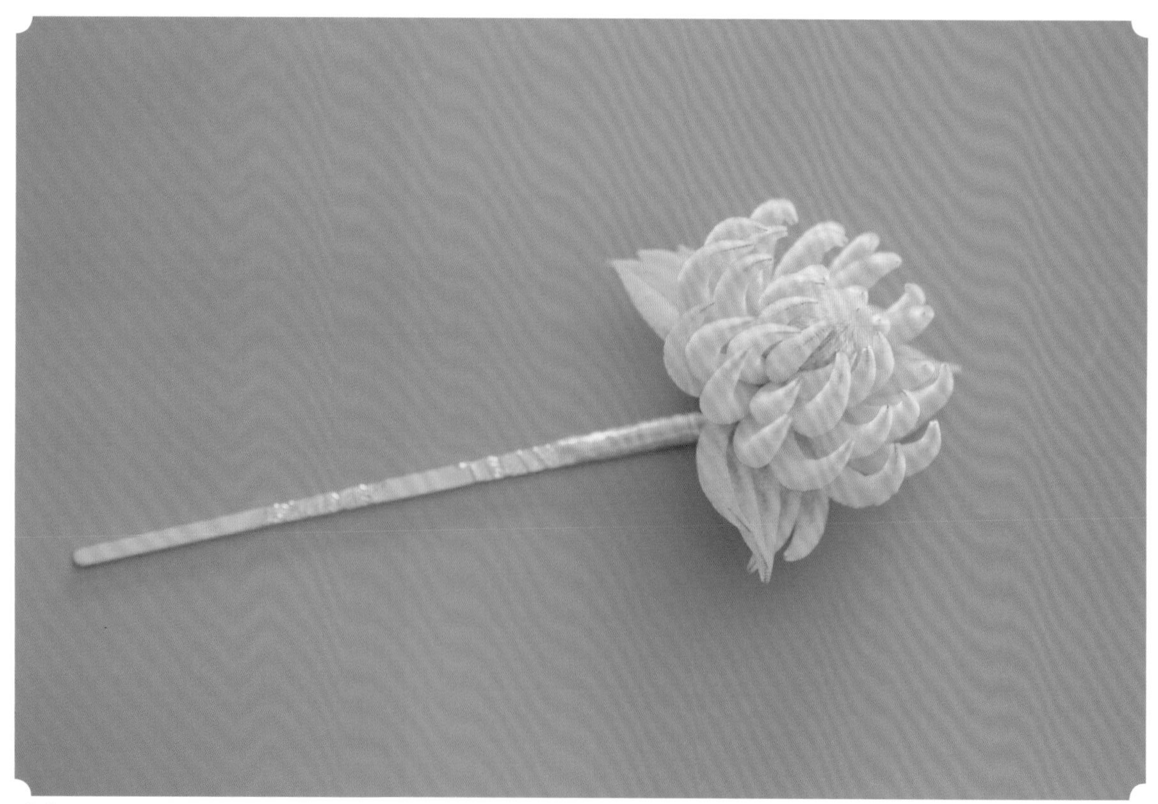

09 用镊子调整花型，造型完成。

故宫款福寿三多

• **材料与工具** •

绒条、丝线、簪棍、尺子、剪刀、镊子、打火机、白乳胶。

福寿三多是抽象型绒花中最受欢迎的题材，由佛手、桃子和石榴组成，“三多”指的是多福、多寿、多子。民间以佛手与“福”字谐音而将其寓意为福；以桃子多寿寓意为寿；以石榴多籽寓意多子。此花型制作过程较为复杂，因此分为了四个部分，制作时要注意“三多”比例和谐，不可大小不一。（缠绕簪棍的技巧和手法将在第六章详细说明。）

◆ 石榴部分

此部分的制作要注意给整个石榴塑形，整体要轮廓清晰、圆润饱满。

01 准备 14 根 4 厘米长的红色绒条。

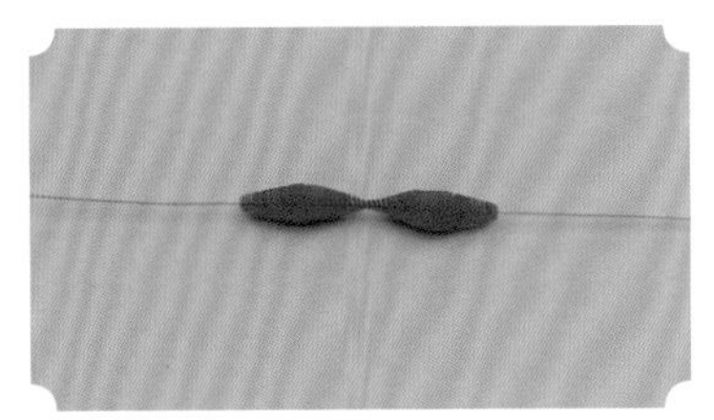

02 其中三根对半打尖。

03 将打尖完毕的绒条弯成三片叶子。

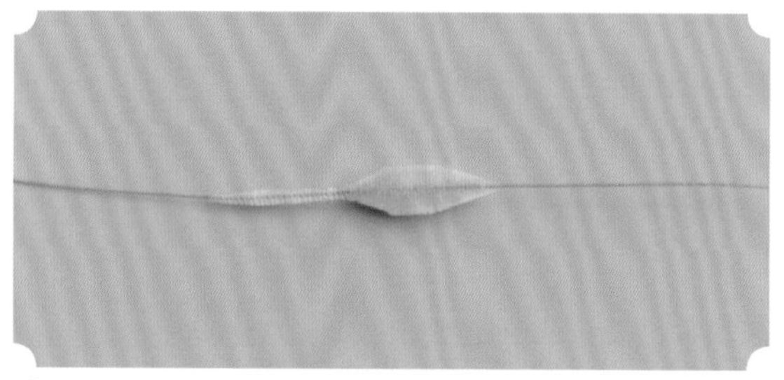

04 将一根 2 厘米长的黄色绒条两头打尖，如果绒条过长可以按照图示将绒条一端的绒毛修剪掉，留下所需要的一端。

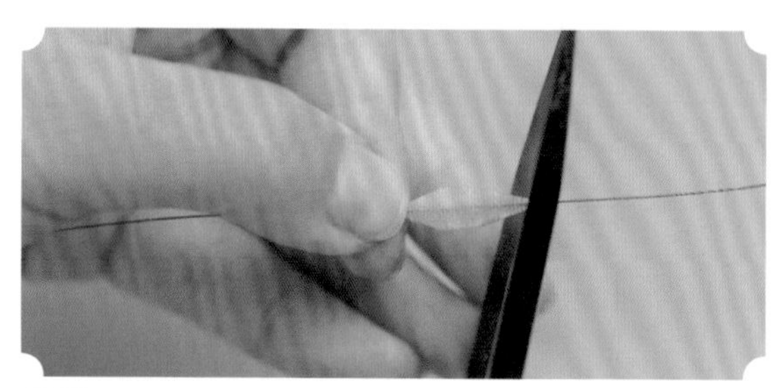

05 剪掉一端的铜丝。

06 拿出刚刚做好的叶子，依次用绿色丝线将它们与黄色绒条扎紧。

07 组装好的石榴头如图所示。

08 将剩下的11根绒条两头打尖。

09 使用传花手法，将打尖好的绒条与石榴头依次扎紧。

10 全部组装完毕，将丝线顺着花茎向下绕一段距离。

11 用镊子把绒条顶端拉下来，并依次用丝线扎紧。

12 全部拉下来并扎紧的样子。

13 继续缠绕，将裸露的铜丝包裹住。

14 用镊子把绒条调整一下，使整体紧凑轮廓清晰。

15 打结，石榴制作完成。

佛手部分

制作佛手时注意绒条排列要有层次感，给佛手塑形时要胆大心细。

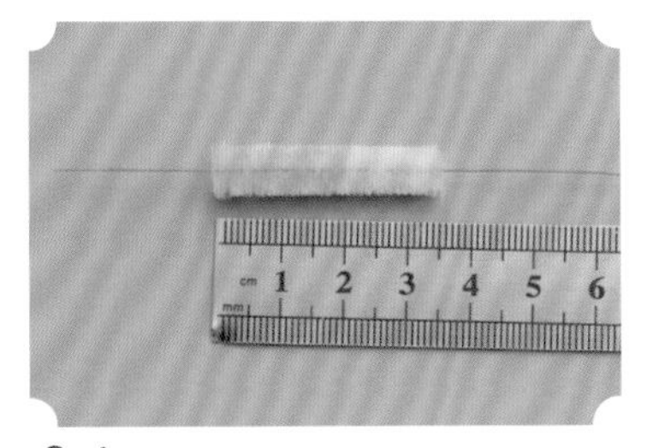

01 准备 7 根 3.5 厘米左右长的黄色渐变绒条。

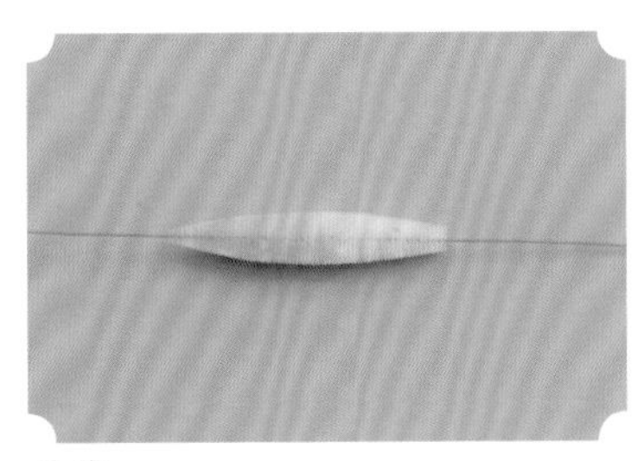

02 依次打尖。

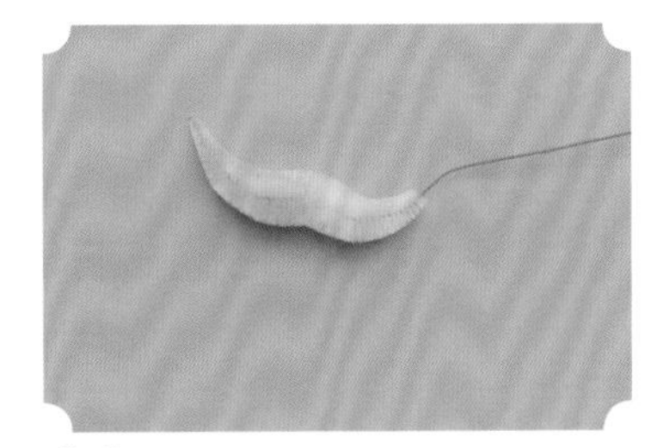

03 用镊子将绒条弯成如图所示的样子。

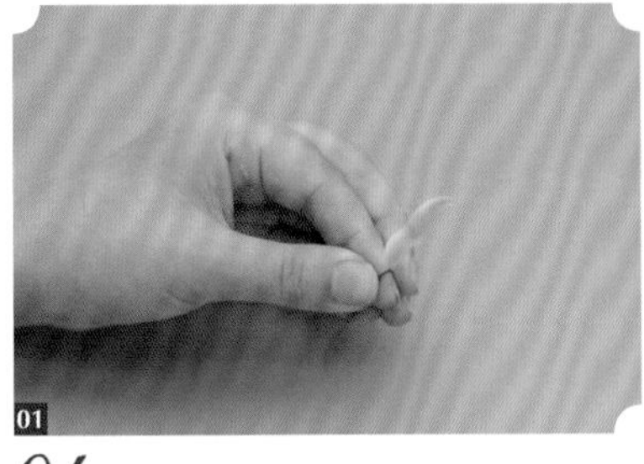

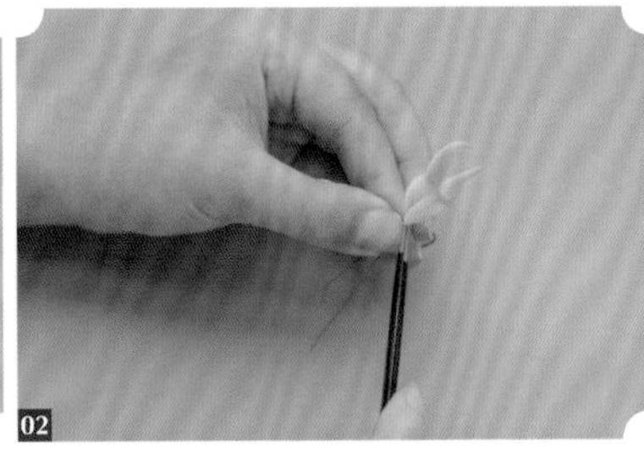

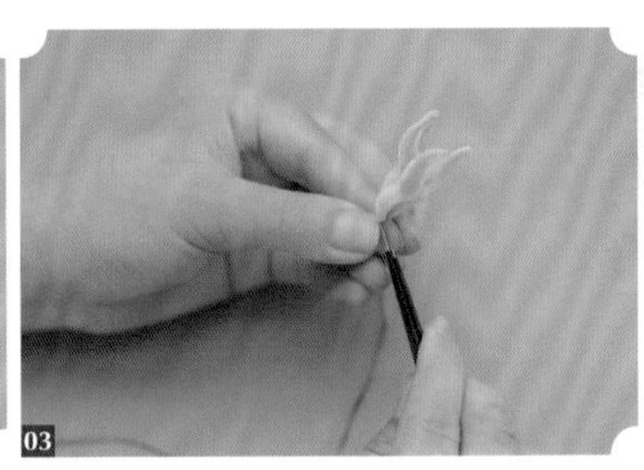

04 拿出绒条依次按传花手法组装。

05 每对齐一根绒条则用丝线缠绕两圈，直到将绒条全部组装完成。

06 用丝线将铜丝底端捆扎好并打结。

07 用镊子调整形状。

08 佛手完成。

桃子部分

此处桃子部分的做法与传统方法有少许区别，传统做法是对半打尖后再进行组合，但这样做会出现花型松散的情况。因此作者将其做了改良，和之前石榴的做法一样是上下闭合，这样降低了难度的同时也保证了花型不会松散。

01 准备 3.5 厘米粉色渐变绒条 12 根。

02 两头打尖，亮粉色为上端，肉粉色为下端。

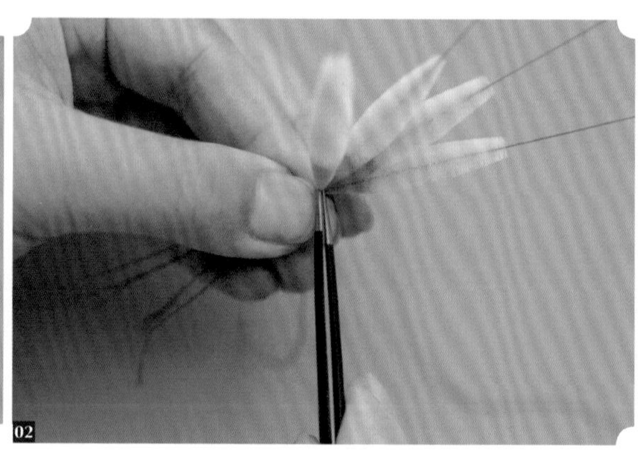

03 按照传花手法，用丝线将绒条上端依次缠绕扎紧。

04 12 根绒条全部扎好的样子。

05 将丝线往铜丝下方缠绕一段距离。用镊子将绒条顶端往下拉，形成一个弧形，并用丝线缠绕住。

06 缠绕好一根绒条后，将第二根绒条顶端往下拉，对齐第一根绒条，用丝线将第二根绒条扎紧。随时用镊子调整形状。

07 依次用丝线把桃子底部缠绕好。

08 打结，桃子完成。

◆ 叶子

有些文物中的叶子有三片，但有两种形态，制作难度相比前三个花型稍低，重点也是注意绒条的大小和比例。

01 准备 10 根 4.8 厘米长的绿色绒条。

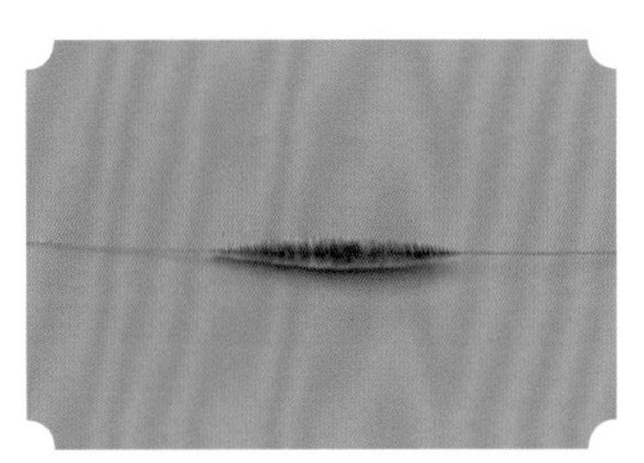

02 先将一根绒条两头打尖。

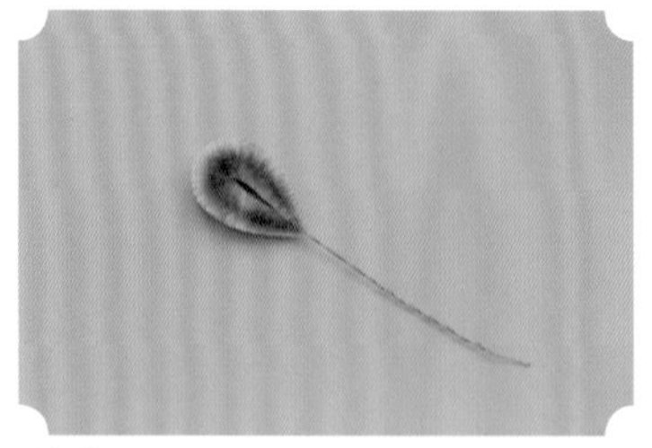

03 圈成一片叶子。

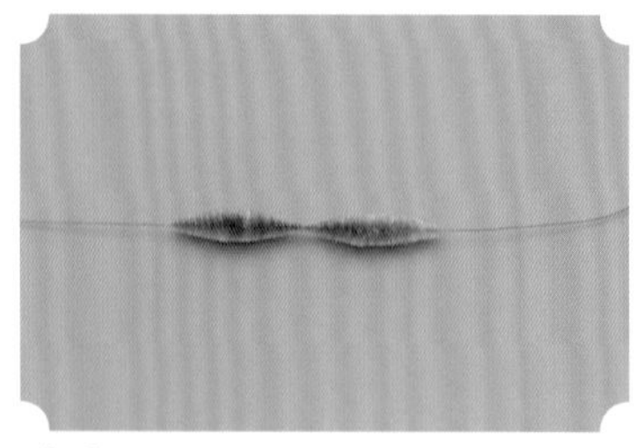

04 再准备 4 根绒条对半打尖。

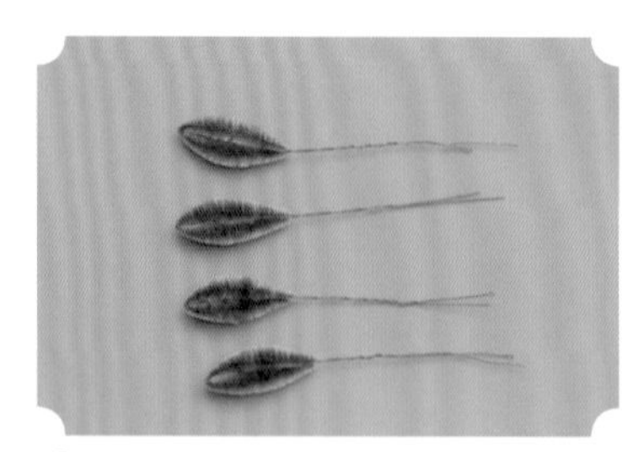

05 将 4 根绒条依次对半圈好。

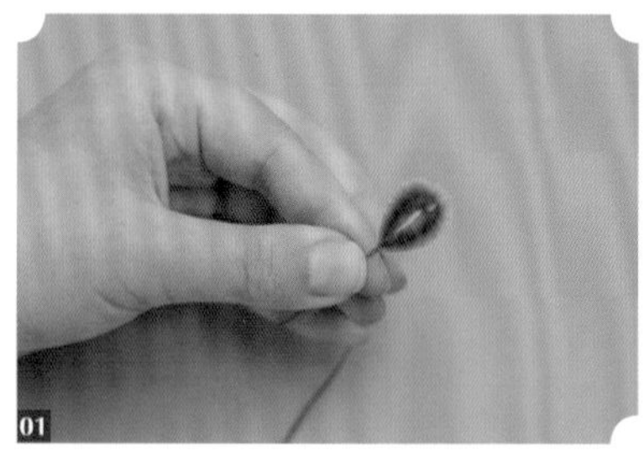

06 两头尖的叶子依次用丝线缠绕在圆形叶子的两侧。

07 这样一片叶子就完成了。

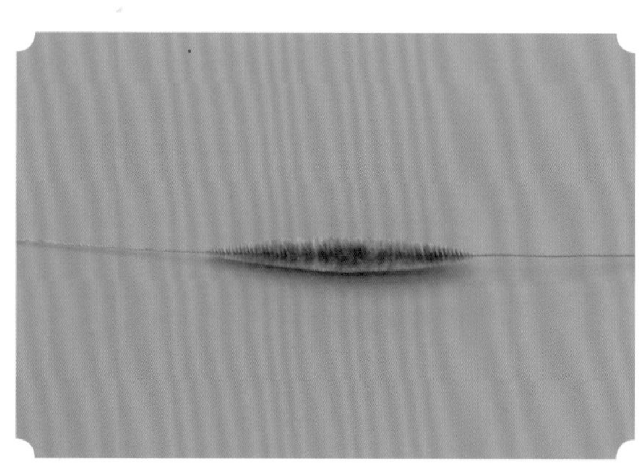

08 将剩下的绒条两头打尖。

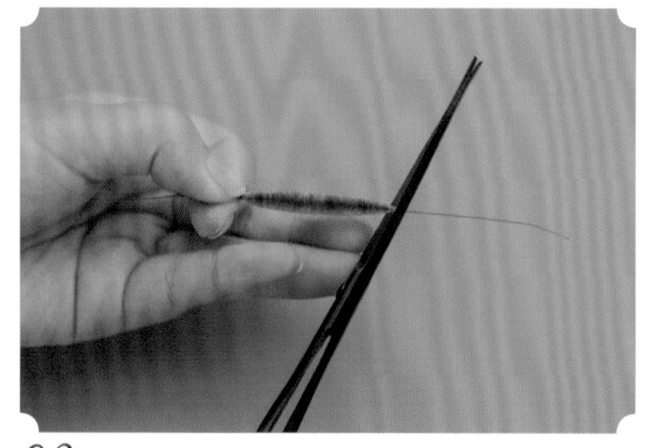

09 剪掉一端的铜丝。

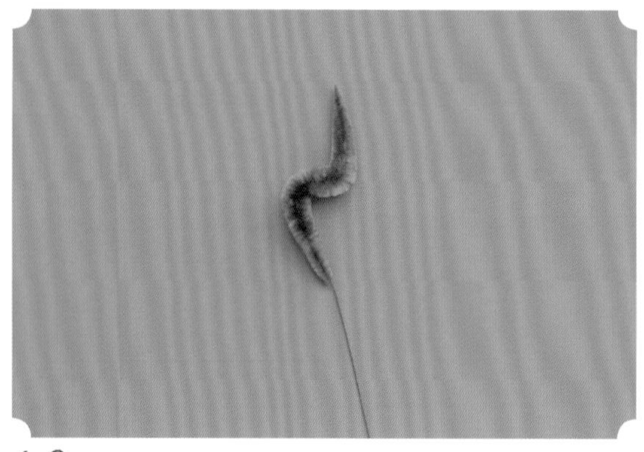

10 用镊子将绒条弯曲成如图所示的造型。

11 如图所示，将三根绒条组装好，打结。

12 在绒条边缘涂上白乳胶。

13 之后将两边的绒条顶部与中间的绒条顶部绒条粘合。

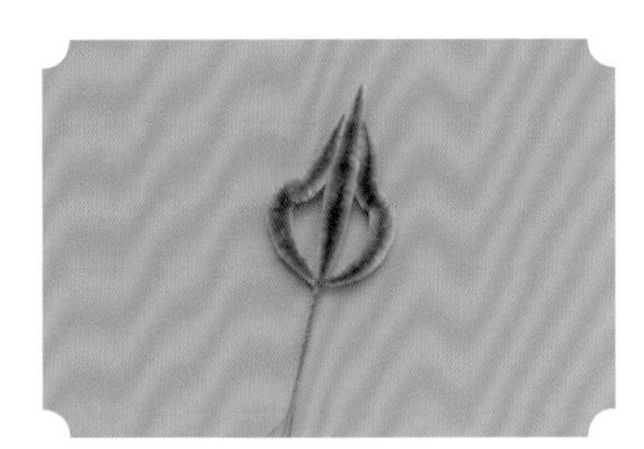

14 第二种叶子制作完毕，用相同手法再做一片这样的叶子。

15 三片叶子制作完成。

组装

组装时要时刻用镊子辅助调整形态，4 个部分要连接紧密。

01 先组装佛手和石榴，佛手在前，石榴在后。

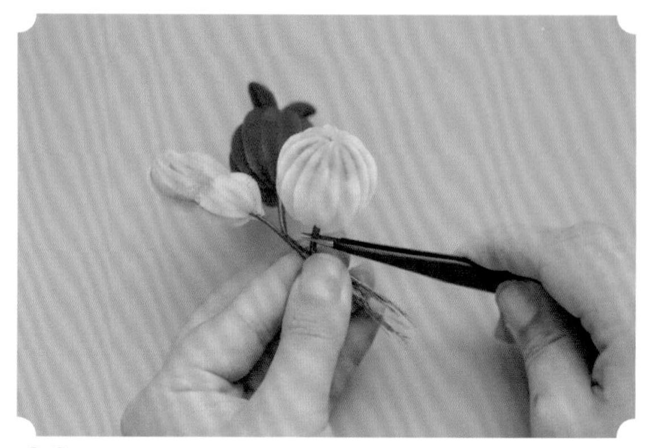

02 之后组装桃子。

03 拿出第一片叶子，连接在下面。

04 将第二片叶子组装在上面。

05 最后一片叶子位置如图用丝线扎紧。

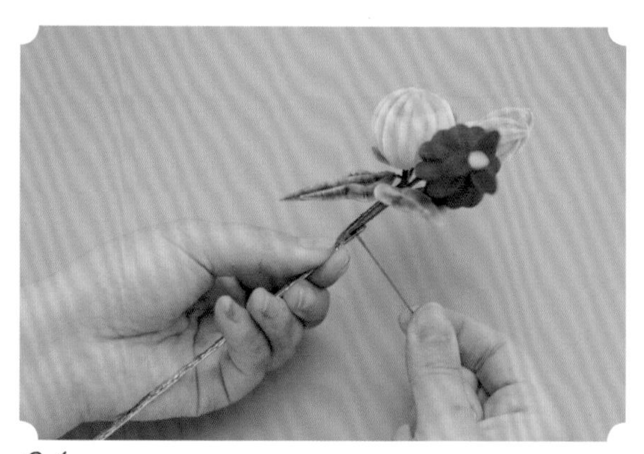

06 花型组装完毕。

07 再用丝线将其组装到簪棍上，打结收尾。

08 用镊子调整花型。

09 完成。

故宫款花排

• 材料与工具 •

绒条、丝线、珍珠、铜丝、簪棍、尺子、剪刀、镊子、打火机。

此款花型的难点、重点在于绒条的制作和打尖，由于花瓣都需要对半打尖，绒条相对来说也要做得细，绒条越细越考验制作者的细心程度，因此制作绒条的过程不可马虎。

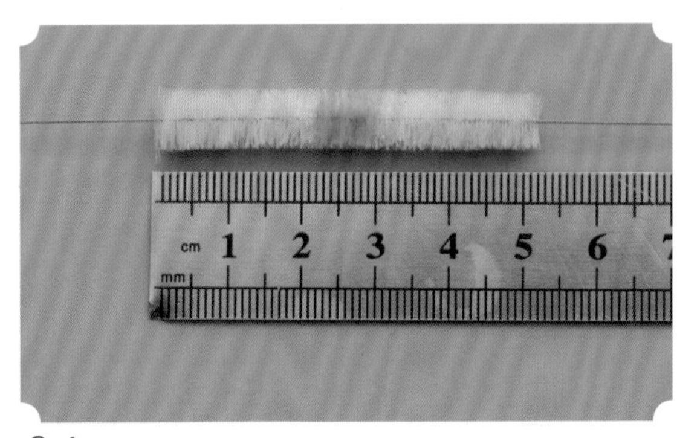

01 准备 50 根 5.2 厘米长的突变色绒条。

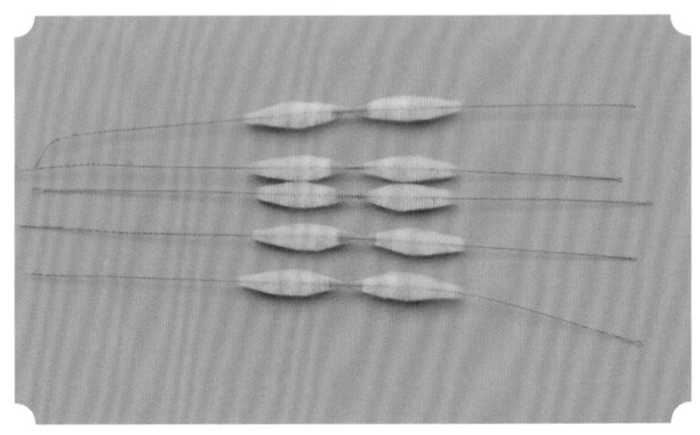

02 依次对半打尖。

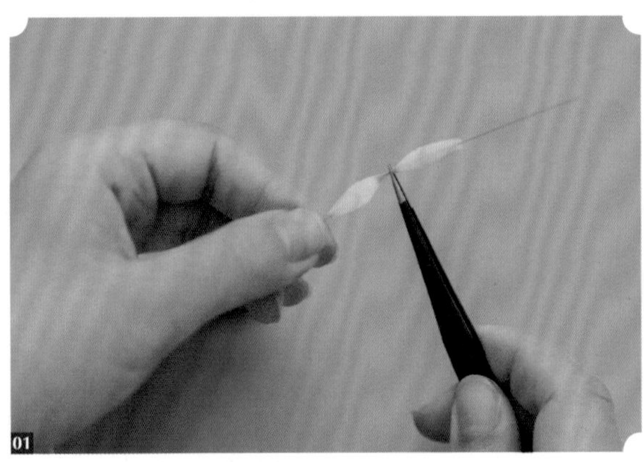

03 用镊子将绒条对折。

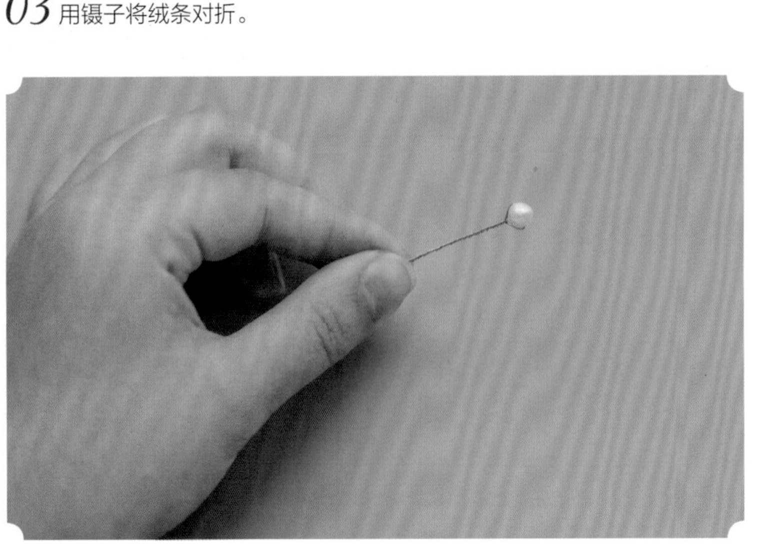

04 用直径 6 毫米的珍珠串好铜丝作为花蕊，共制作 10 个这样的花蕊。

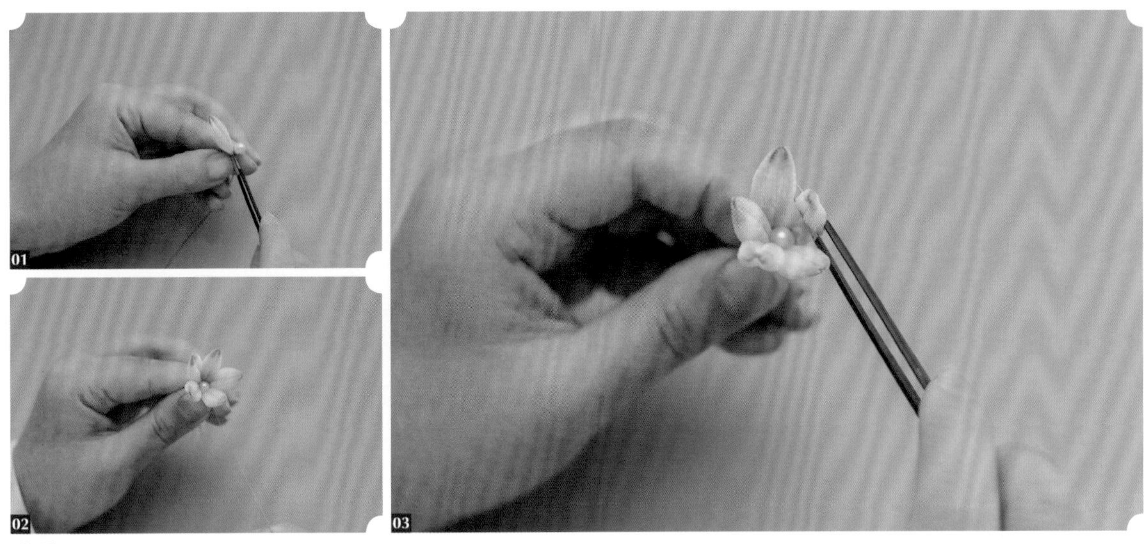

05 用绿色丝线将花瓣依次绑到花蕊上，打结。

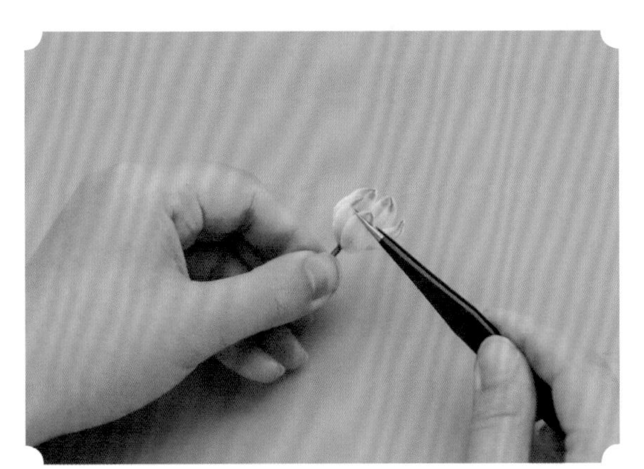

06 用镊子整理花型。

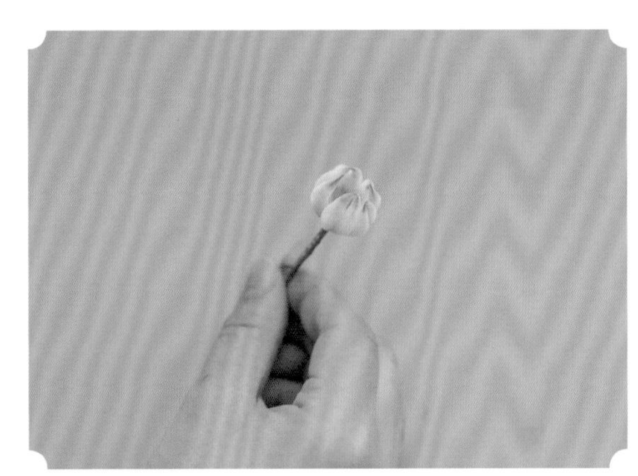

07 一个花苞完成。

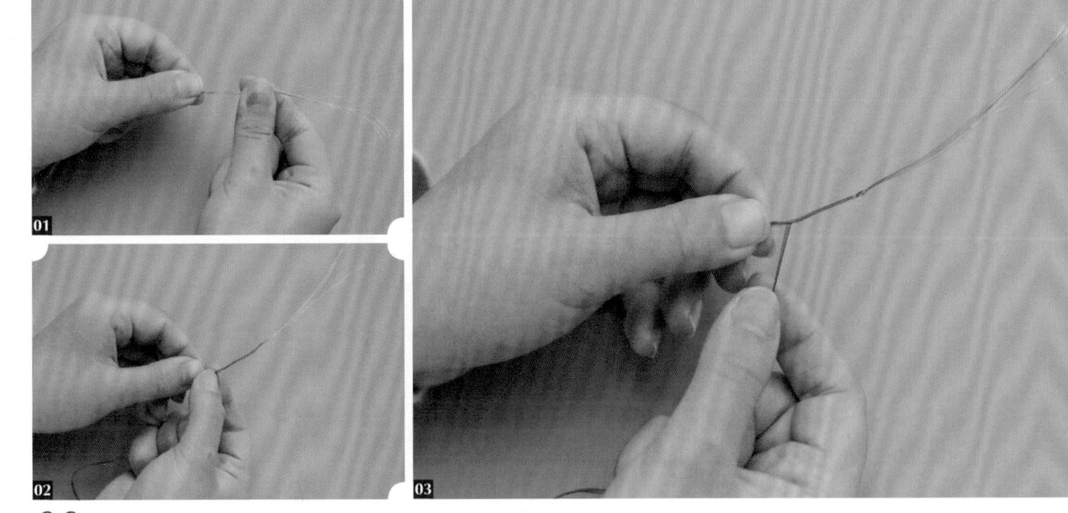

08 将 0.2 毫米铜丝对折 3 次，铜丝对折 3 次后约 17 厘米长，将下端用绿色丝线缠绕约 5 厘米的长度。

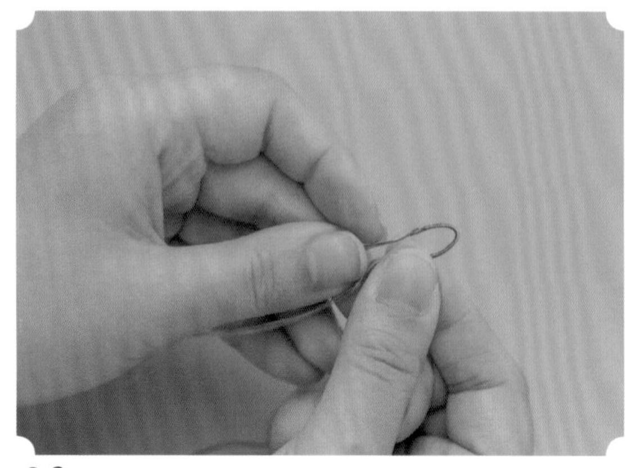

09 将绕好的铜丝对折弯成一个圈。

10 丝线继续朝前绕。

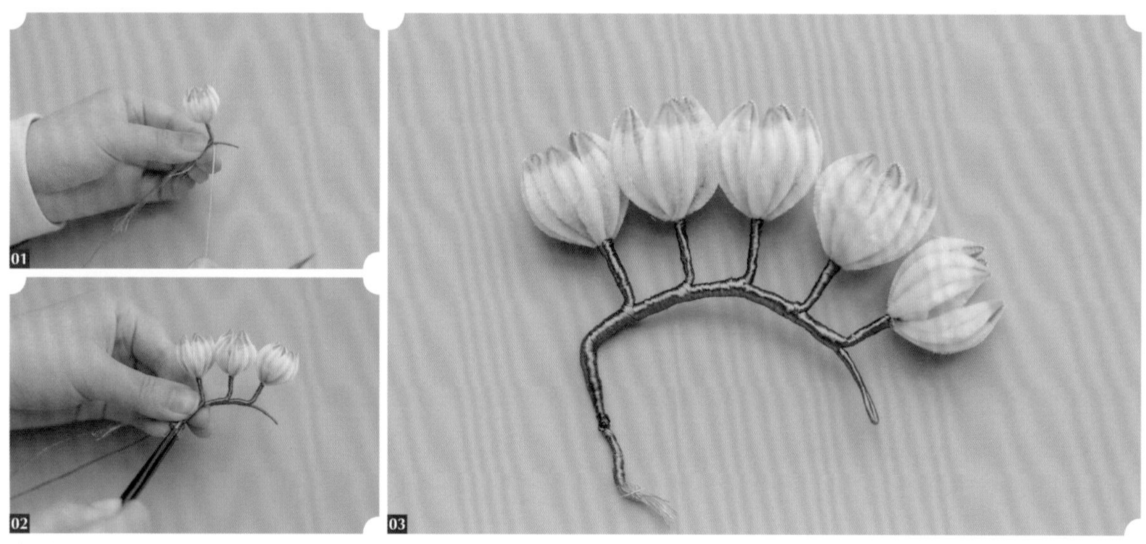

11 将花苞杆折一下用传花手法依次绕到铜丝上。

12 一根铜丝上依次绕 5 个花苞。

13 另外 5 个花苞按照同样的方式绕在另一根铜丝上。

14 将两个花排的底部缠绕在一起。

15 在丝线缠绕到一半时，取出一根簪棍，将簪棍和花排缠绕在一起。

16 丝线在簪棍处扎紧打结，收尾。

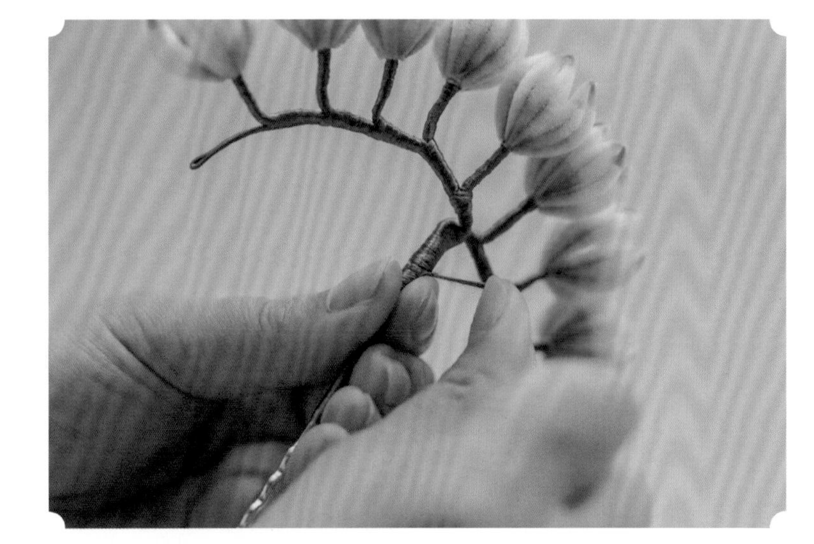

17 完成。

故宫款绶带鸟

• 材料与工具 •

绒条、丝线、簪棍、尺子、剪刀、镊子、白乳胶、打火机。

故宫款绶带鸟现在大家都叫它“大三多”，这款花型是由福寿三多和绶带鸟组成，福寿三多寓意多福、多寿、多子，而绶带鸟传说是梁山伯和祝英台的化身，寓意幸福长寿。在前几年热播的电视剧《延禧宫略》中，富察皇后戴的蓝色大三多就是由故宫这款大三多演变而来，剧中这款大三多是南京非遗绒花的传承人赵树宪老师所作，属于在文物基础上的二次创作。因此只要把故宫文物的这款学会也可以尝试进行二次创作，任意搭配自己想要的颜色。由于此款花型较为复杂，所以本书将制作过程分为了六个部分，方便大家学习。

◆ 叶子部分

这款花型中的三种叶子都需要对半打尖，因此绒条都要做成细长型。

01 准备6根6厘米长的绿色绒条。

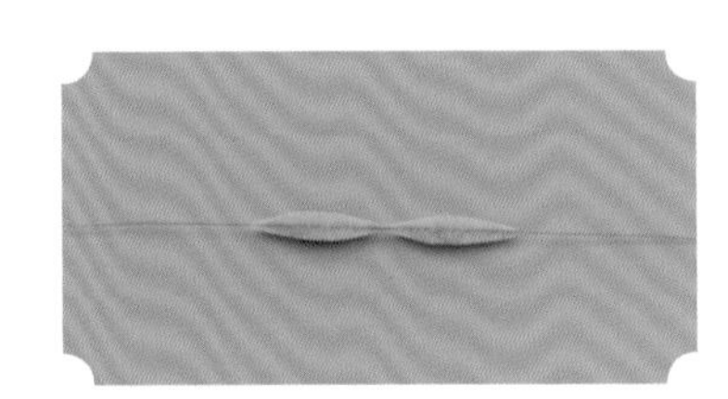

02 对半打尖。

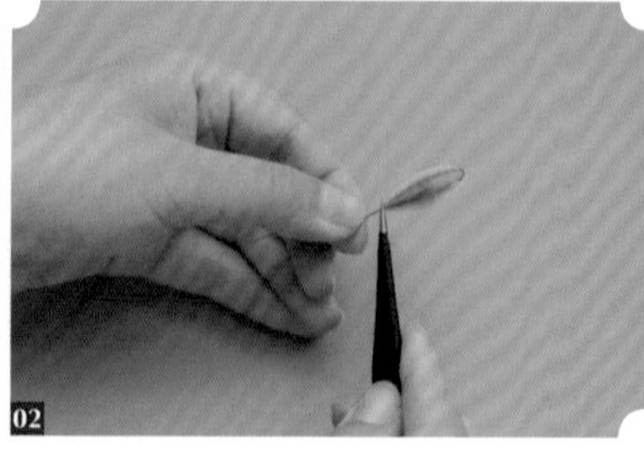
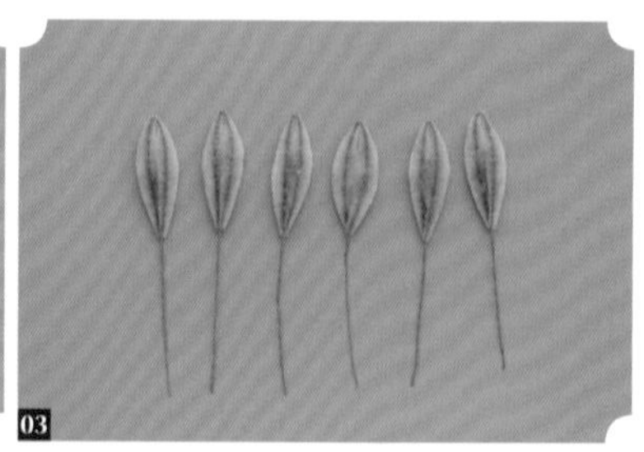

03 将绒条对折后两端铜丝拧在一起，小号叶子制作完成，共 6 个。

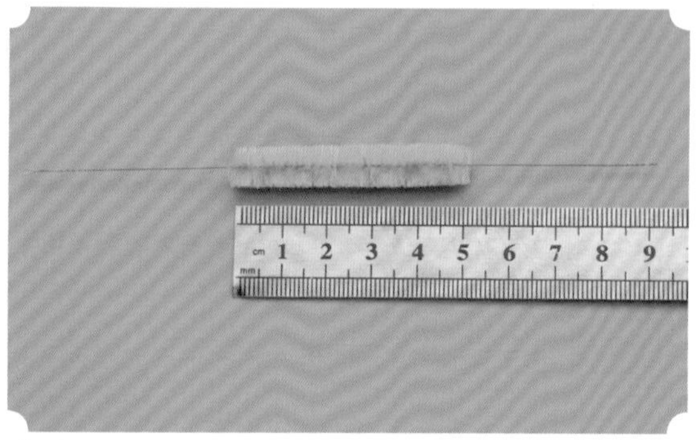

04 准备 4 根 5 厘米长的绿色绒条。

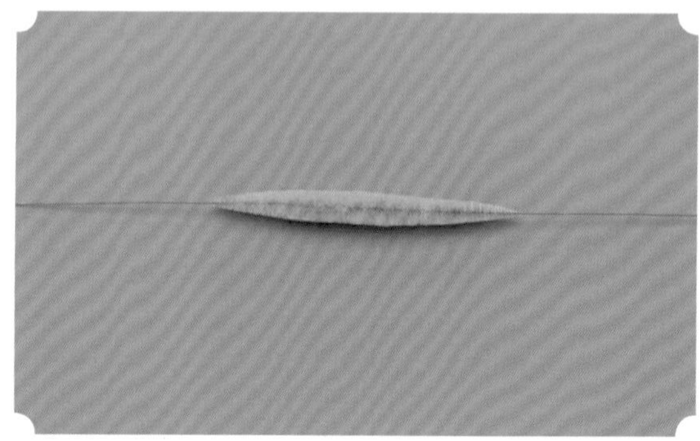

05 两头打尖。

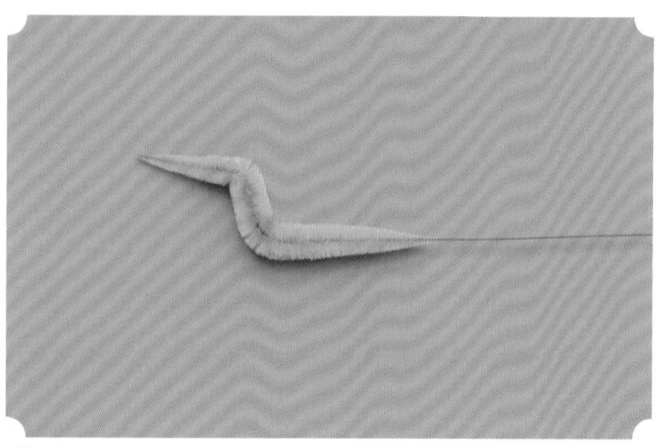

06 用镊子将绒条折成“Z”字形。

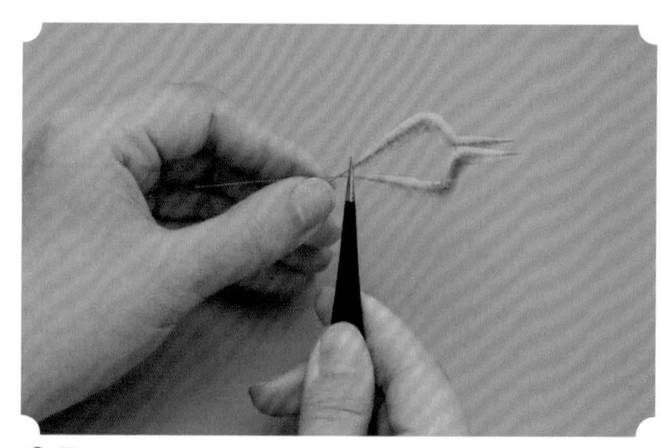

07 如图所示，将两根绒条组合在一起，两端铜丝轻轻拧在一起。

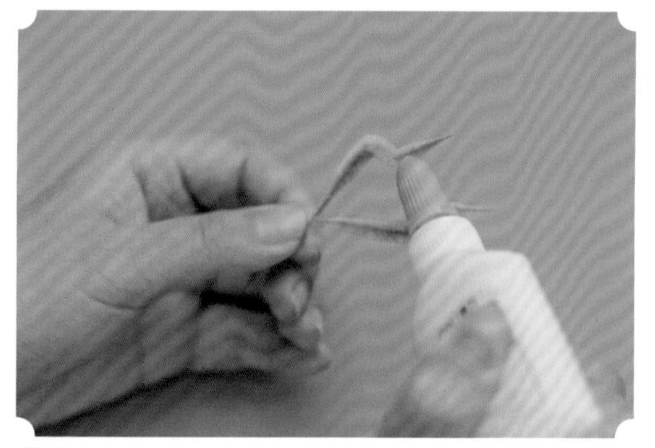

08 将两根绒条前端用白乳胶粘合。

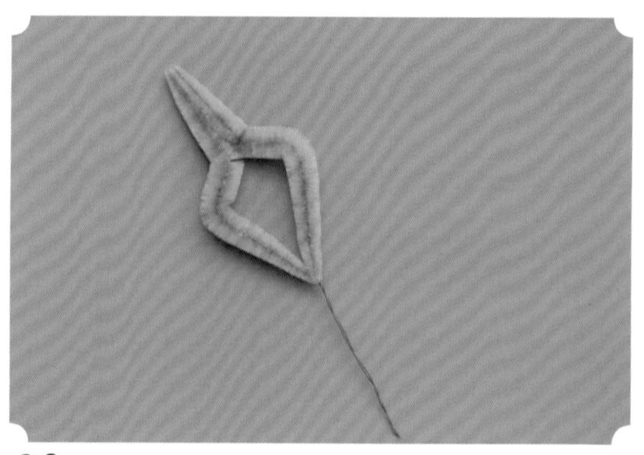

09 中号叶子制作完成，一共做两片。

10 准备 9 根 6.4 厘米长的绿色绒条。

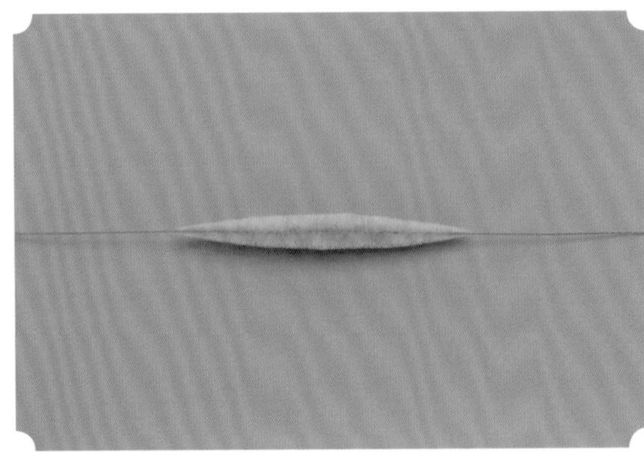

11 两头打尖。

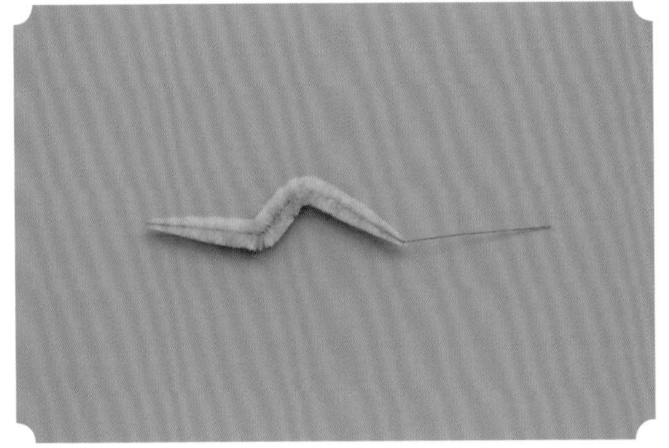

12 用镊子将绒条折成“Z”字形。

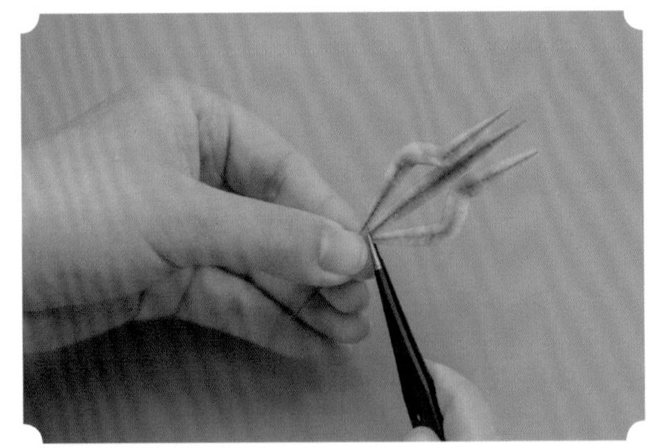

13 一根常规绒条放在中间，两边分别放一根“Z”字形绒条，三者组合在一起，下端的铜丝轻轻拧在一起。将三根绒条的顶端用白乳胶粘合好，大号叶子制作完成，一共做三片。

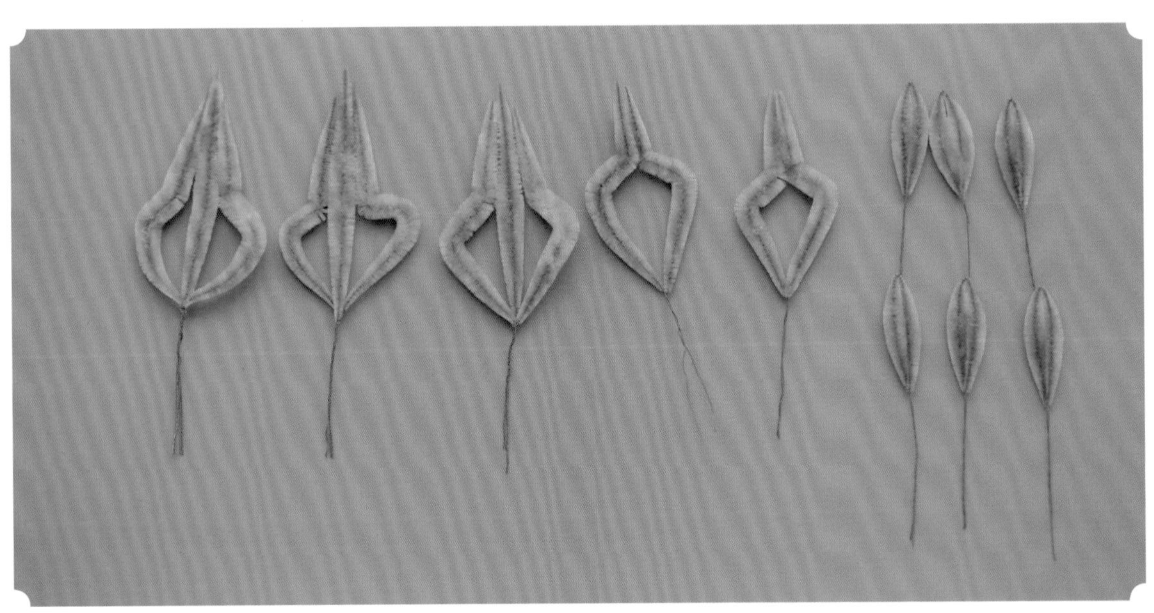

14 所有叶子制作完成。

◆ 石榴部分

与之前的做法稍有区别，此例中的石榴加了石榴籽，制作时要注意球形打尖的技巧。

01 准备三根 2 厘米长的绿色绒条，打尖。

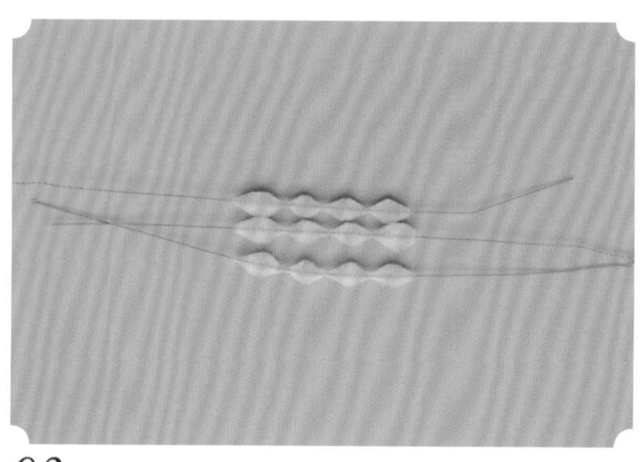

02 准备三根 4 厘米长的粉色绒条，如图所示修剪成连着的石榴籽。

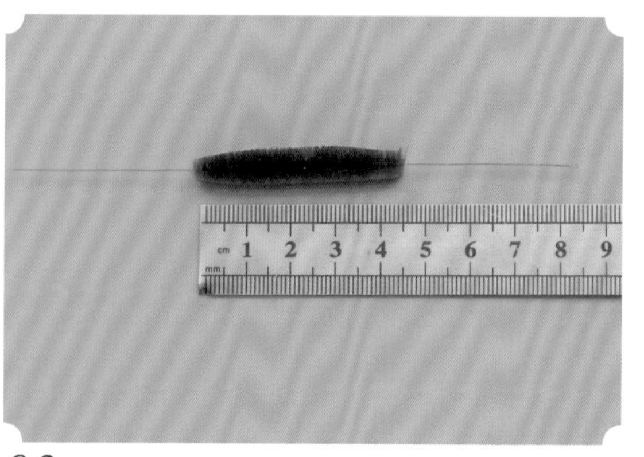

03 准备 10 根 4.5 厘米长的红色绒条。

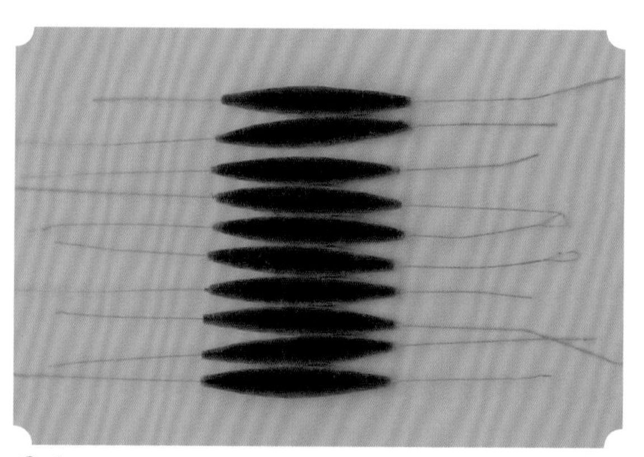

04 依次打尖。

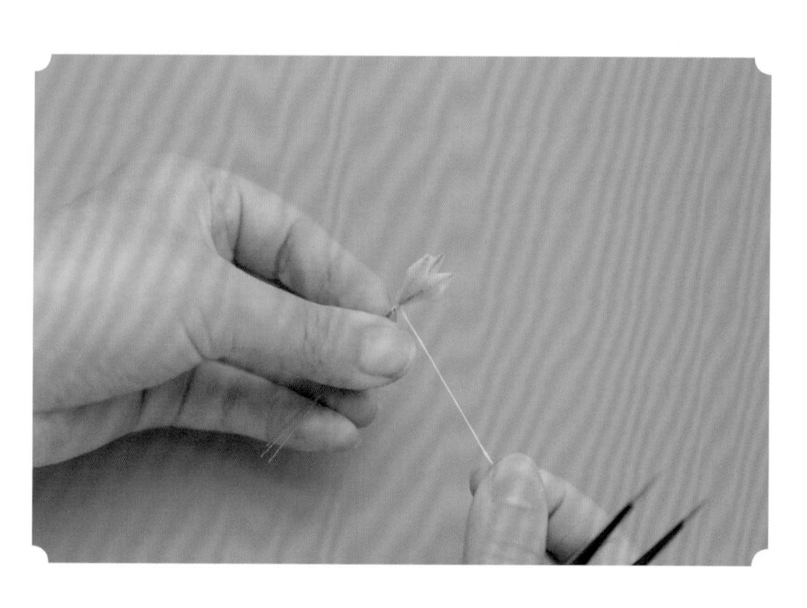

05 将步骤 01 准备好的三根绒条用粉色丝线绑好，石榴的顶部就做好了。

06 使用粉色丝线用传花手法将石榴籽绒条和石榴顶部组合在一起，其中三根石榴籽绒条并排环绕石榴顶部。

07 将红色绒条和石榴籽绒条并排，依次绑上去。

08 用镊子将所有绒条的另一端翻过来在底部依次捆扎。

09 用丝线将底部扎整齐。

10 用镊子调整形状。

11 石榴部分完成。

佛手部分

此款佛手比之前提到的更具有层次感，所以需要大小两种绒条，制作时不能偷懒，两种绒条都要准备。

01 准备 4.2 厘米长 5 根、5 厘米绒条长三根，颜色均为淡粉、淡蓝突变。

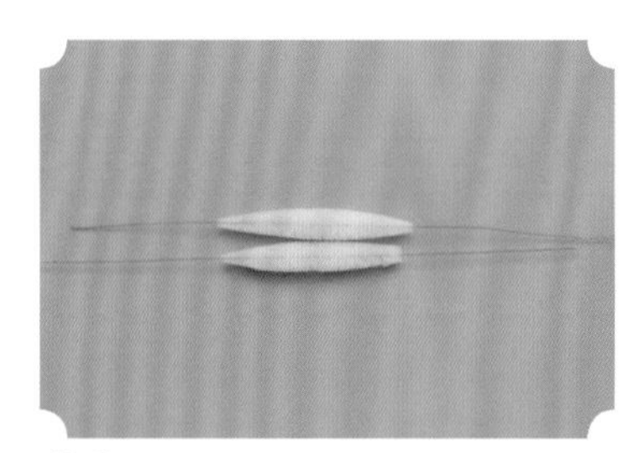

02 依次打尖。

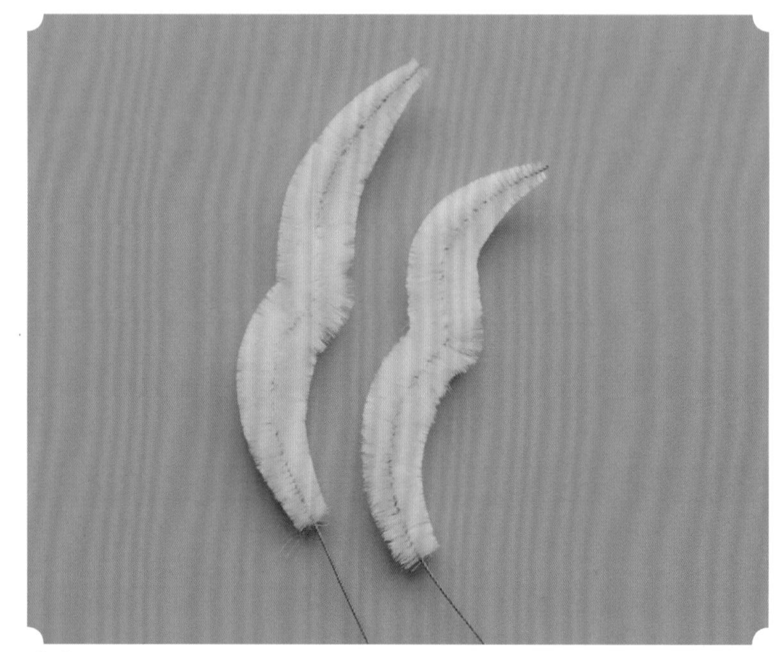

03 用镊子将绒条弯成如图所示的样子，剪掉一端铜丝。

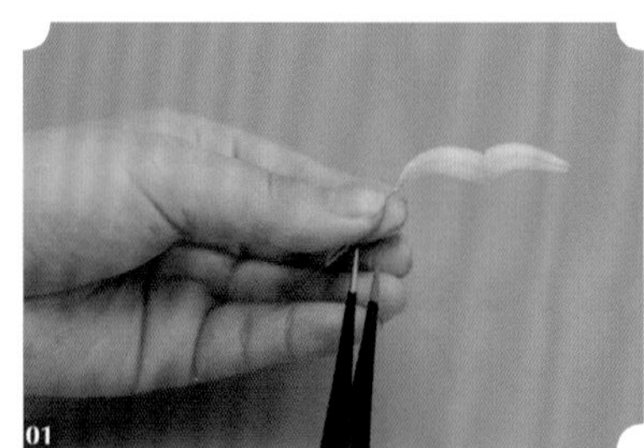

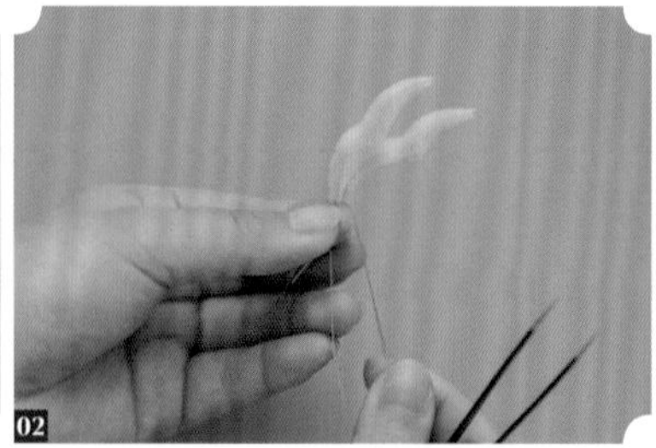

04 将 5 根长绒条组装在下面用传花手法依次并排组装，顶部尖端都朝内。

05 三根短绒条与长绒条并列，尖端朝内，用丝线依次缠紧。

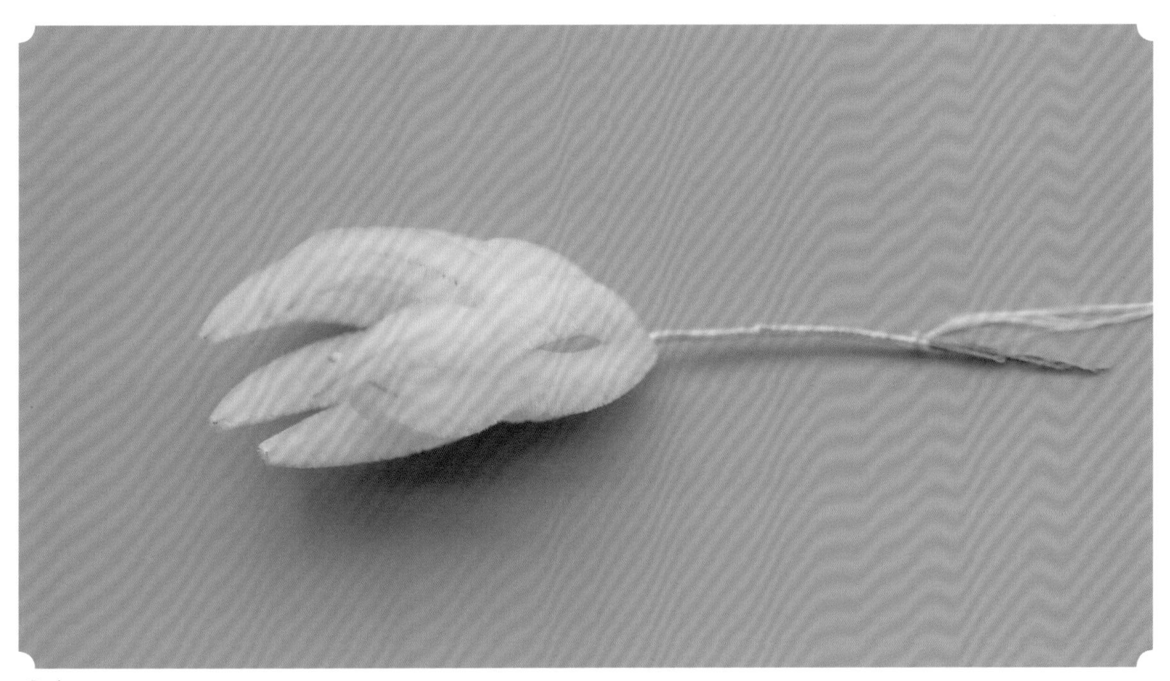

06 佛手制作完成。

桃子部分

桃子的制作方法与之前提到的福寿三多的桃子制作过程一样，所以这里仅加了和叶子一起组装的步骤。

01 准备做好的桃子一个。

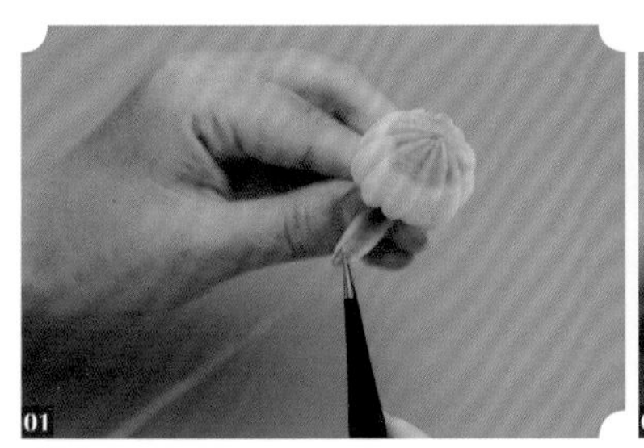

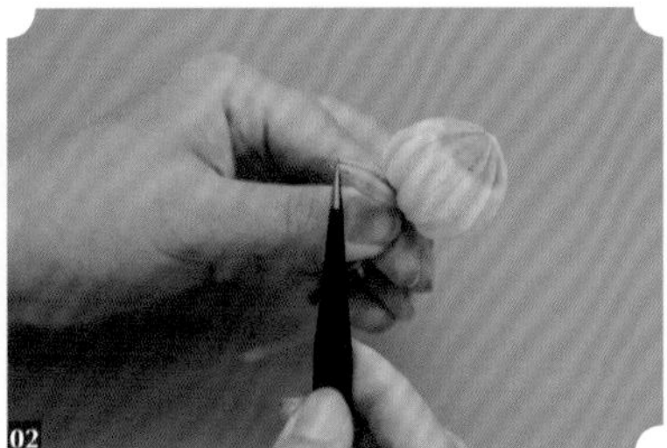

02 在桃子的四边依次缠好 4 片小号叶子。

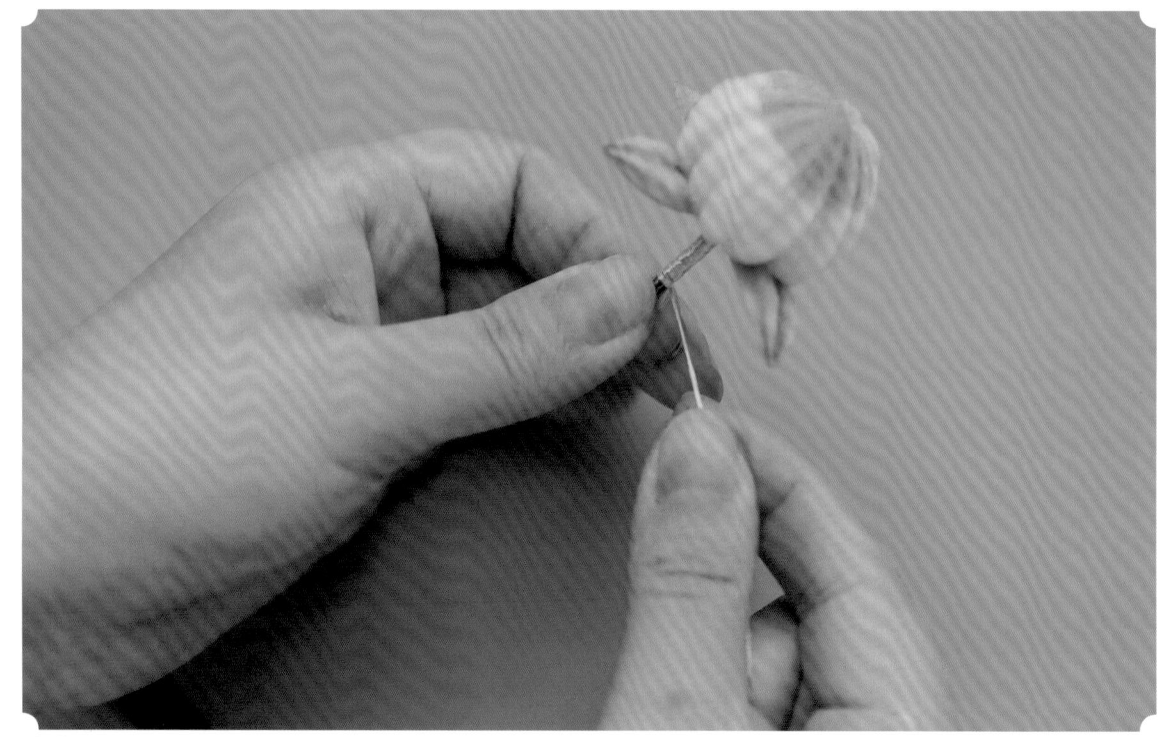

03 接着在底部绕好丝线，打结备用。

◆ 绶带鸟部分

用到的绒条较多，属于较复杂的部分，需多次练习。

01 准备两根长 4.8 厘米、宽 1.2 厘米的粉色绒条。

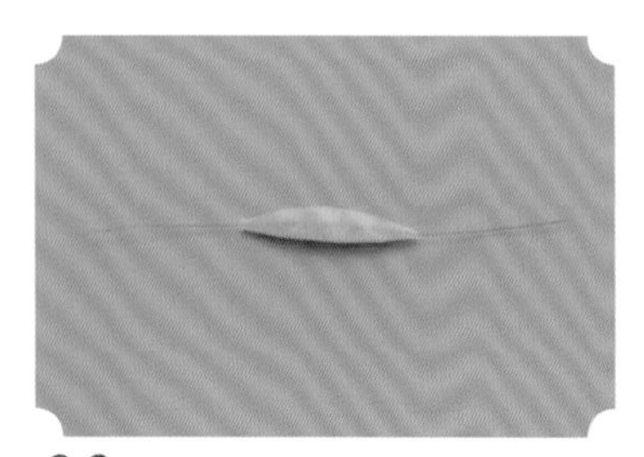

02 其中一根两头打尖。

03 将其圈起，两端铜丝拧在一起，作为鸟的身体。

04 另一个绒条按照如图所示的形状修好。

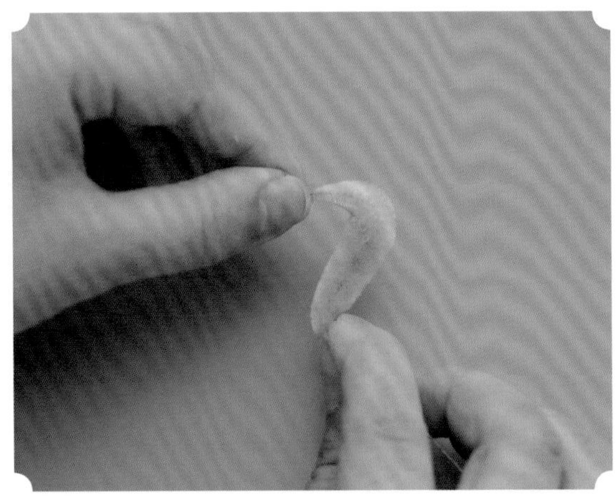

05 用手捏着铜丝，上下拧一下，使一端成弯勾状，作为鸟头备用。

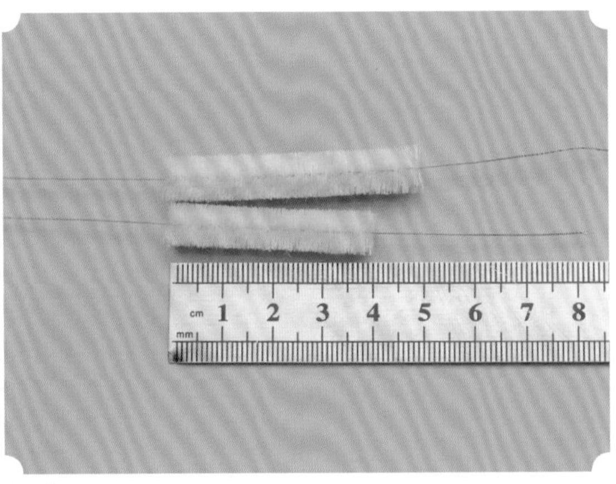

06 准备 4 厘米长粉色绒条 5 根、5 厘米长粉色绒条 6 根。

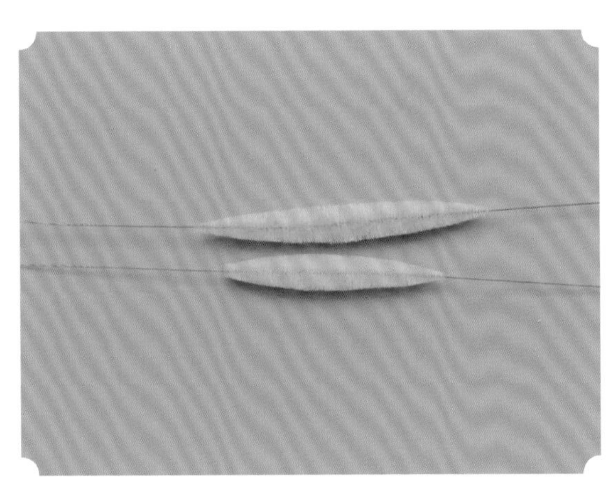

07 依次打尖。

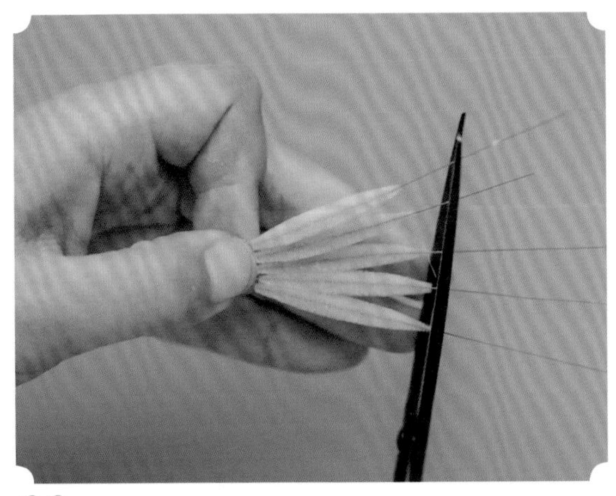

08 拿出 5 根 4 厘米长的粉色绒条，剪去一端的铜丝。

09 将 5 根绒条下端用粉色丝线扎好。

10 用镊子将绒条捋成并排的弧形。

11 将绒条调成如图所示的形状，一个翅膀做好了。

12 拿出 6 根 5 厘米长的粉色绒条，按照同样的方式塑形。

13 将两种大小的翅膀上下叠加，并用粉色丝线缠绕在一起。

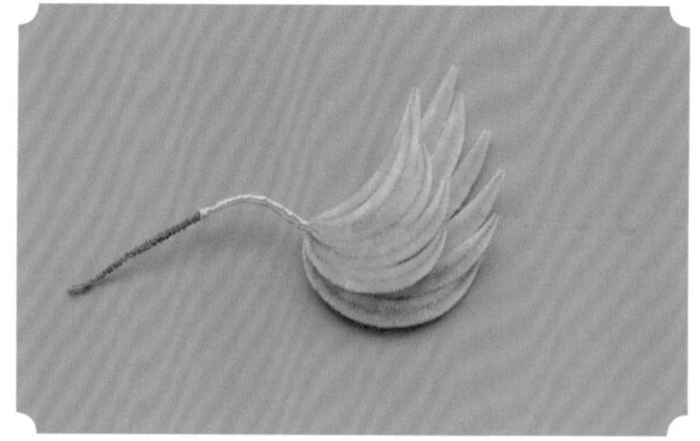

14 打结，收尾。一边的翅膀就做好了。

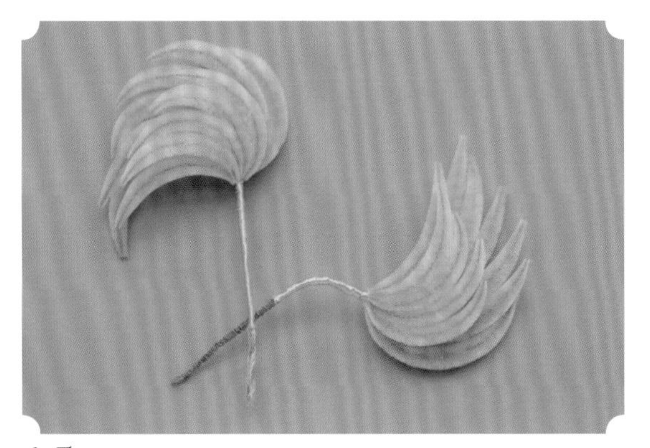

15 另一边的翅膀用同样的方法制作，注意翅膀尖的方向是相反的。一对翅膀完成。

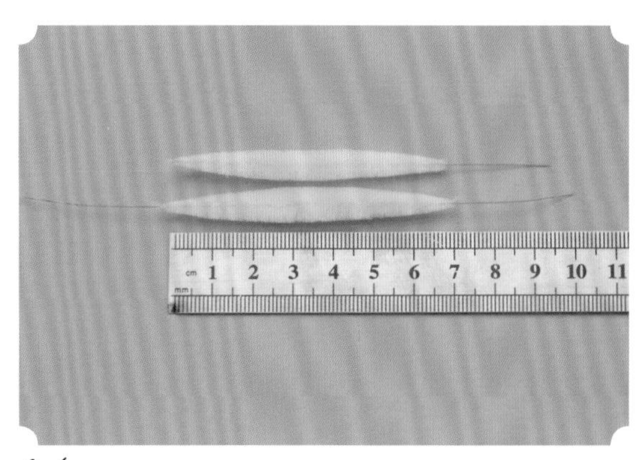

16 将两根 7 厘米长的黄色绒条打尖。

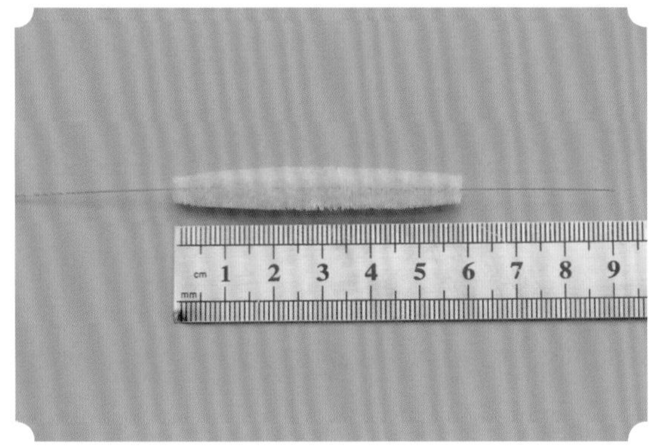

17 准备 8 根 15.8 厘米长的粉色绒条。

18 在第一层放 5 根粉色绒条，用粉色丝线缠绕固定，形成一个扇形。

19 在扇形第二层放三根粉色绒条，用丝线固定两圈。

20 在第三层放两根黄色绒条，用丝线缠绕，制成尾巴。

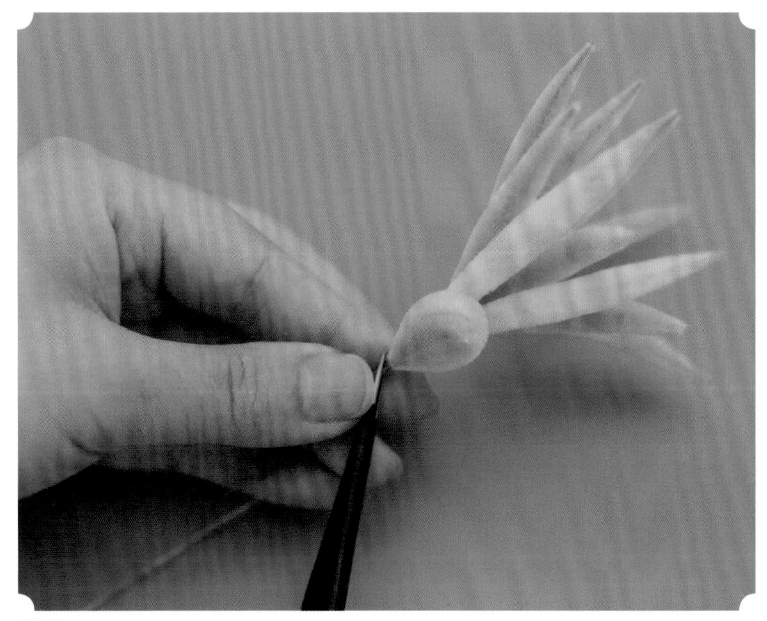

21 将步骤 03 制作的鸟的身体和尾巴部分组合。

22 再将弯好的头部和身体组合，并剪去鸟头前端的铜丝。

23 最后将两边的翅膀和躯干组合。

24 绶带鸟制作完成。

◆ 组装

01 在绶带鸟右侧组装一片大号叶子。

02 在石榴两侧组装两片小号叶子。

03 在石榴底部组装一片大号叶子。

04 接下来组装佛手。

05 在佛手下面把桃子组装上去。

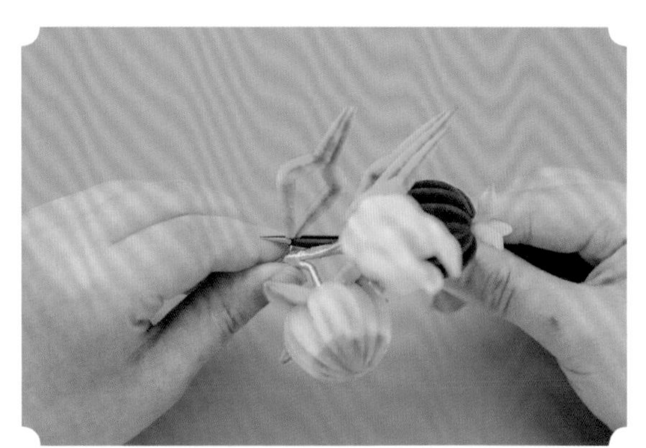

06 在佛手下侧组装一片小号叶子。

07 接着再组装一片大号叶子。

08 桃子底部组装一片小号叶子。

09 三多部分制作完毕。

10 将三多和绶带鸟组装到一起。

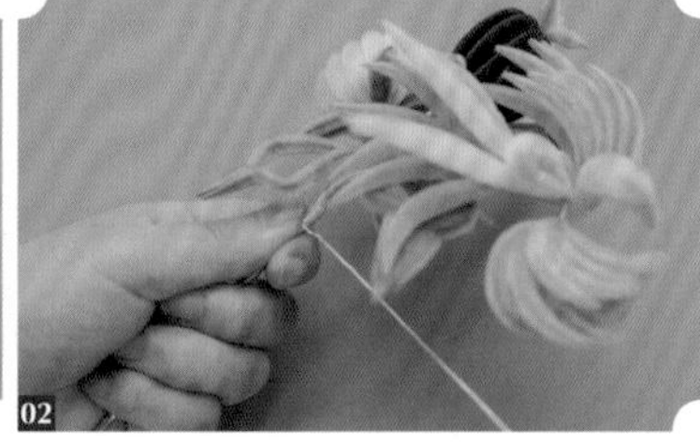

11 组装好后将其绑到簪棍上。

12 打结收尾。

13 完成。

第四章 仿真花型

梅花

• 材料与工具 •

绒条、丝线、铜丝、花蕊、尺子、剪刀、镊子、打火机。

梅花象征着高洁、坚强、有傲骨之风、贫寒却有品德的人，与兰花、竹子、菊花合称“花中四君子”。在民间，人们常把它当作传春报喜的吉祥象征。（缠绕簪棍的技巧和手法将在第六章详细说明。）

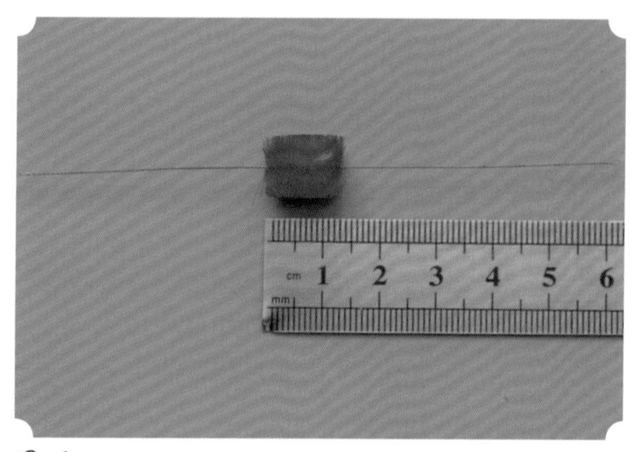

01 准备两根 1.2 厘米长的红色绒条。

02 将两根绒条都修剪成椭圆形，剪断一端铜丝备用。

03 准备 13 根 4.8 厘米长的红色绒条。

04 依次两头打尖。

05 弯成弧形，将两端铜丝拧在一起。

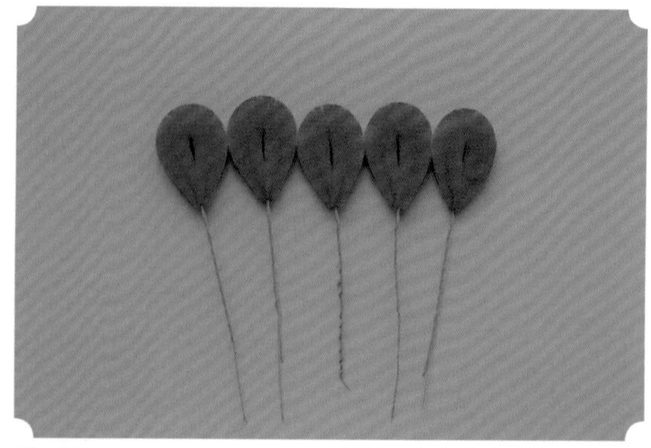

06 5 个为一组，共两组，做花朵。剩下三个为一组，做大花苞。

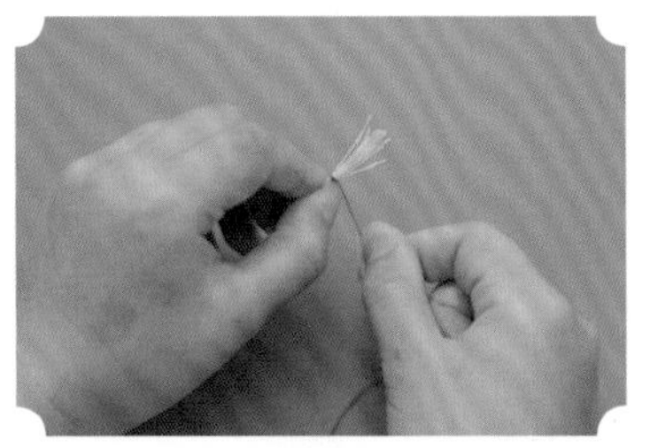

07 拿出 7 根黄头花蕊对折，用丝线固定成束。

08 依次将花瓣组装上去。

09 5 个花瓣依次组装完毕。

10 用镊子塑形，其中一片花瓣向内收。

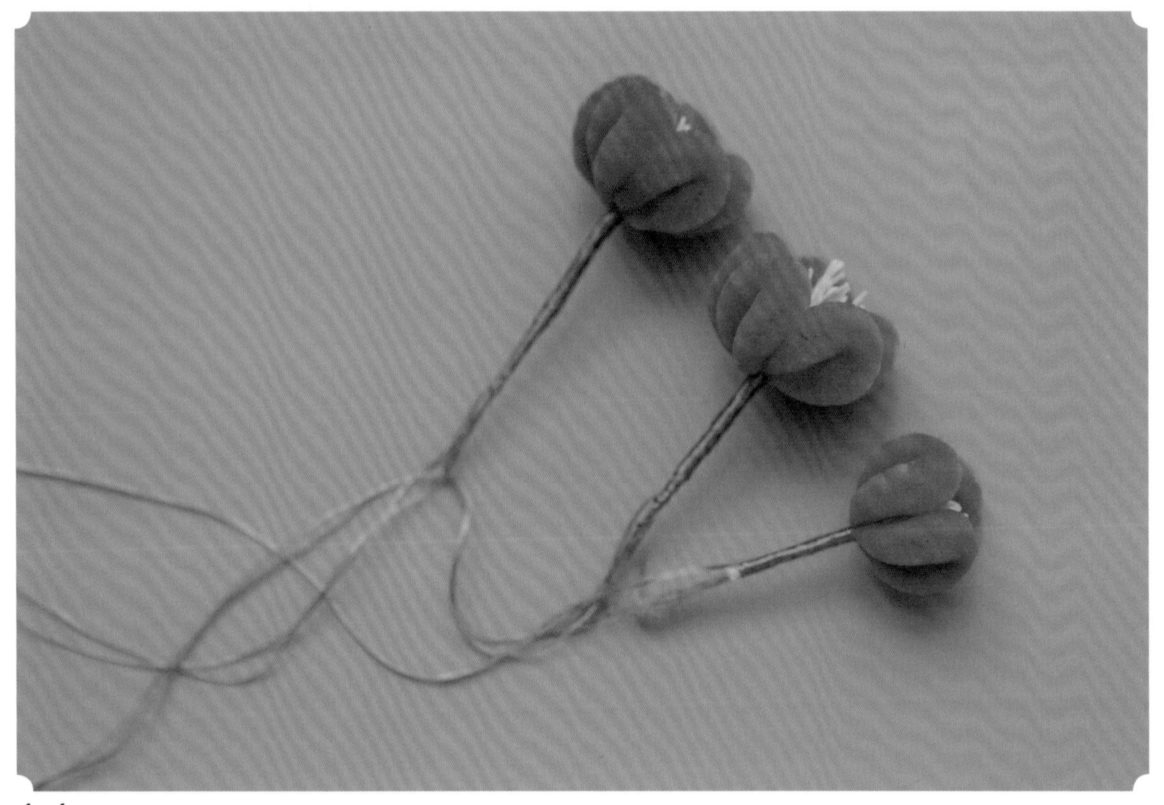

11 做好两朵花、一个待放的花苞，花苞只需要三个花瓣。

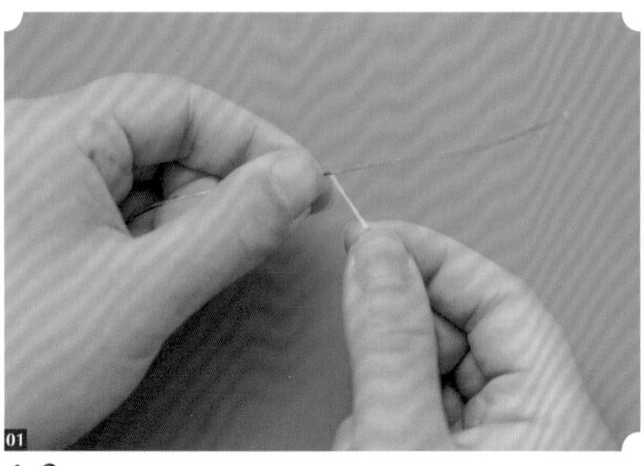

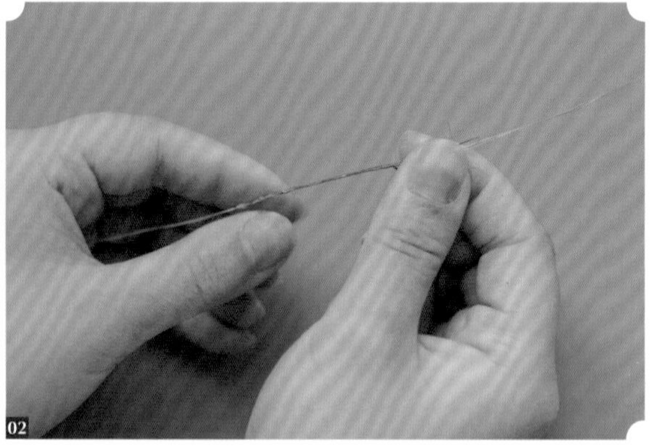

12 将 0.5 毫米的保色铜丝对折一次，在中间的位置缠好棕色丝线，隐藏裸露的铜丝。

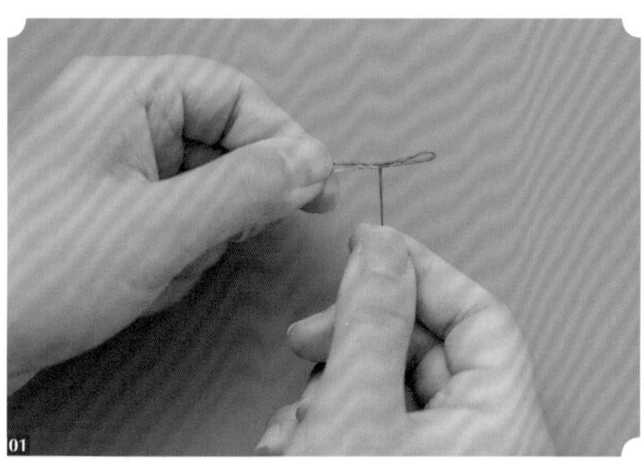

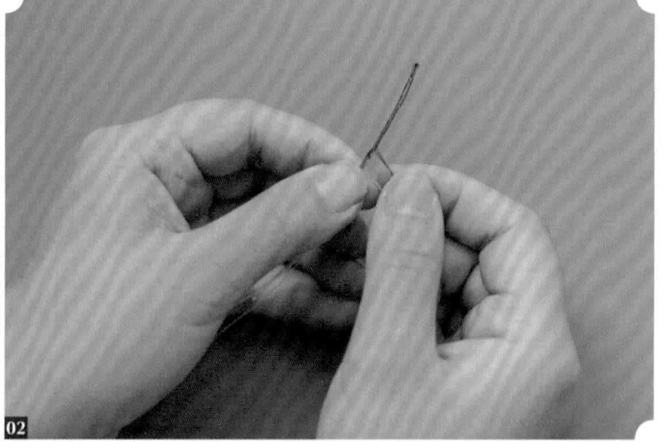

13 缠好后再对折一次，从接近顶部的位置朝下缠，形成花枝。

14 在使用棕色丝线缠到花枝合适位置时，先组装小花苞。

15 再组装花朵。

16 如图所示，重复步骤 12~ 步骤 15，稍作变通，做好三根花枝。

17 将做好的花枝进行组装，注意错落有致，使花枝形态优美。

18 打结，剪断丝线。

19 用打火机燎一下线头，收尾。

20 梅花完成。

腊梅

• 材料与工具 •

绒条、丝线、铜丝、尺子、剪刀、镊子、夹板、定型水、打火机。

腊梅又称寒客，绽放于寒冬，香气清冽又绵长，虽名为腊梅与梅花并非同一物种，是中国特有的传统名贵观赏花木，多为文人墨客所喜爱。制作此款花型要注意绒条宜疏不宜密，太密的绒条压扁以后会过于厚重，显现不出花瓣的轻巧灵动。（此小节只是示范腊梅花朵的制作，展示花枝的整体构思，具体缠绕技巧和收尾细节可见本书第六章。）

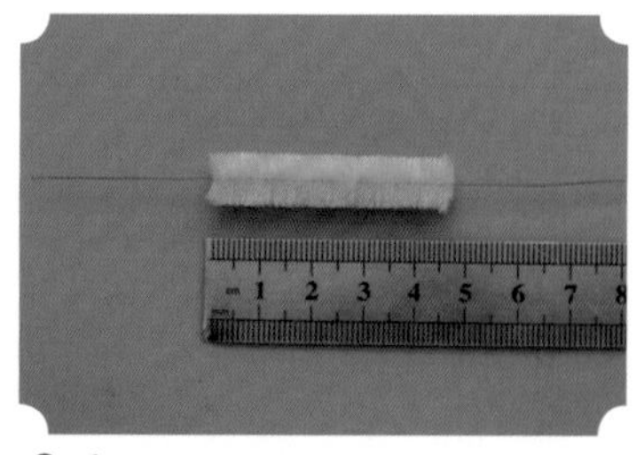

01 准备 19 根 4.7 厘米长的黄色绒条（平常鬓间戴的绒花尺寸约 3.5 厘米）。

02 两头打尖。

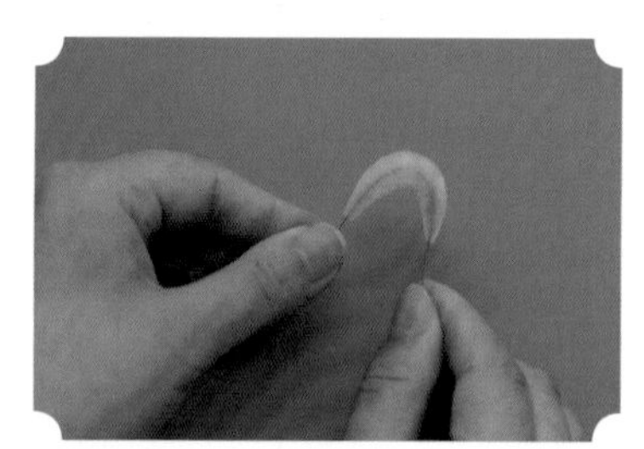

03 对折圈好花瓣，拧好两端铜丝。

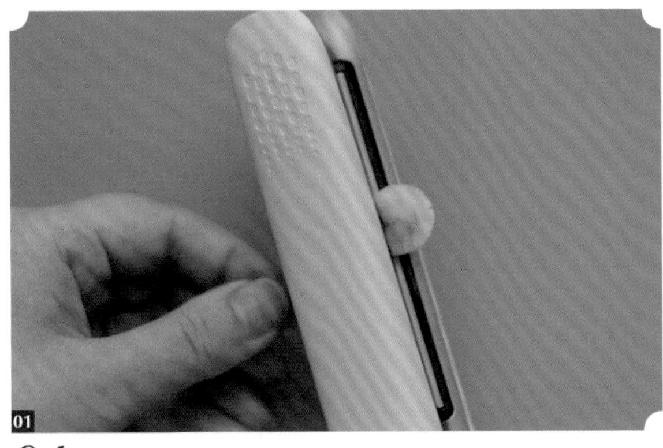
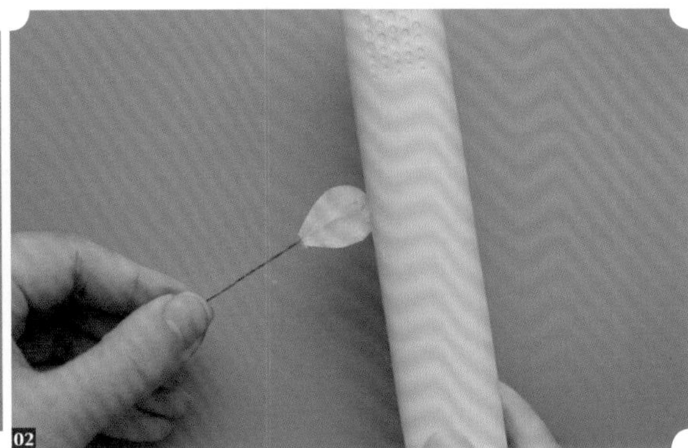

04 用夹板从花瓣底部夹到顶部。

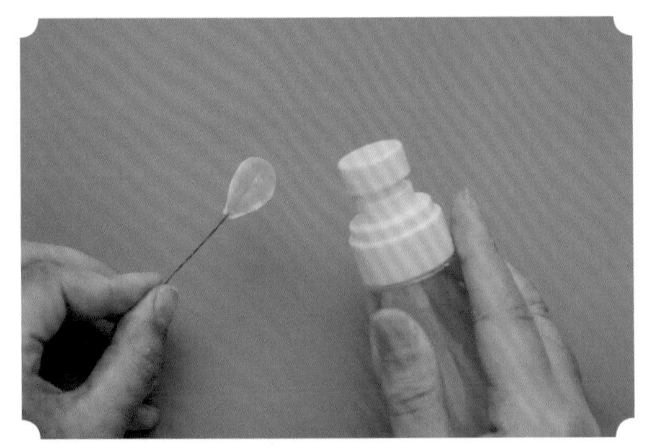

05 将配好的定型水喷到花瓣上，再用夹板夹一次。

06 用丝线捆扎好花蕊，并开始依次缠绕花瓣。

07 一片花瓣依次围绕花蕊，并用线绑好。

08 用镊子调整一下花瓣弧度备用。

09 准备三根 2 厘米长的赭石色和黄色突变的绒条。

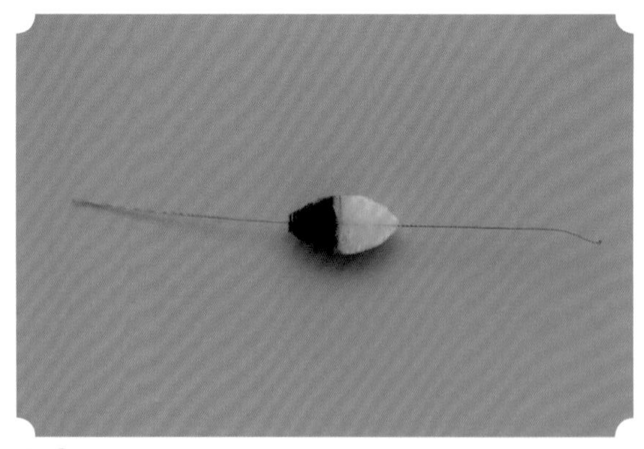

10 打尖成椭圆形，留作花苞备用。

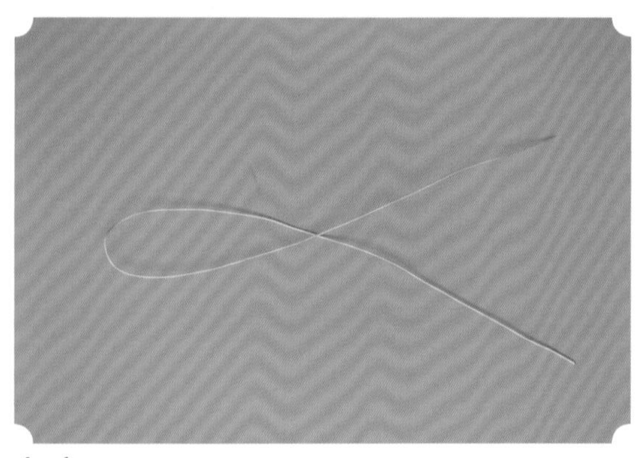

11 准备 0.5 毫米的保色铜丝一根。

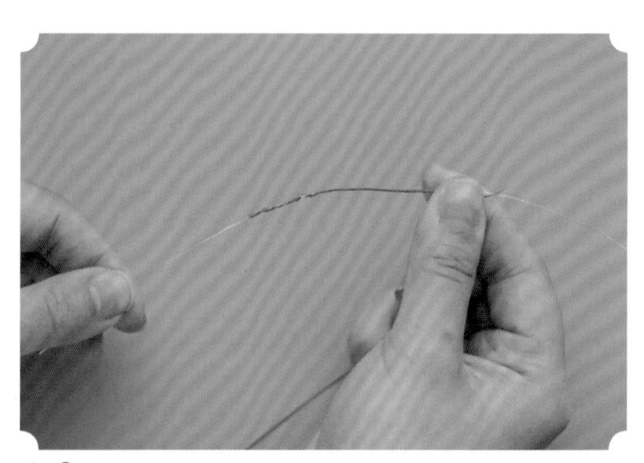

12 用棕色丝线缠好铜丝。

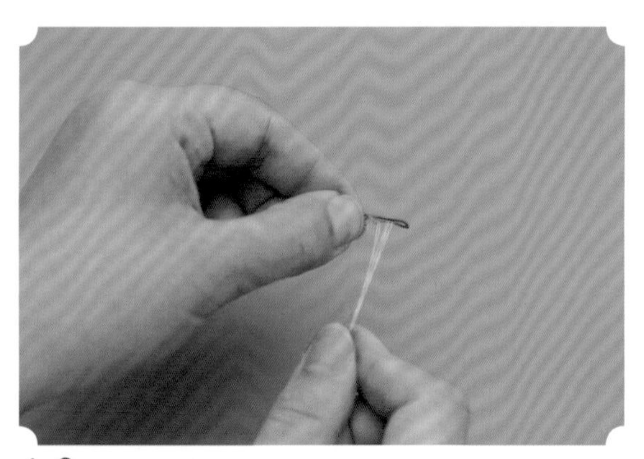

13 将缠好的地方对折，再往下缠。

14 组装第一个花苞。

15 依次将花朵也组装上去。

16 第一个花枝做好了。

17 如图所示，做好第二个花枝。

18 将两个花枝用丝线组合在一起，打结，收尾。

19 取一根铜丝对折几次，并在花枝处接好。

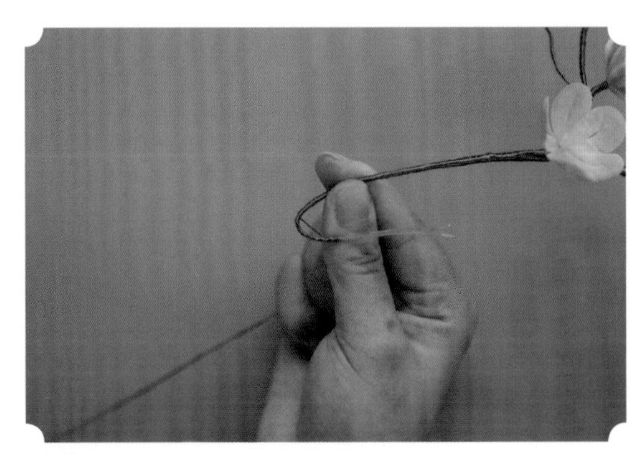

20 往下缠绕一段距离后将铜丝向上折。

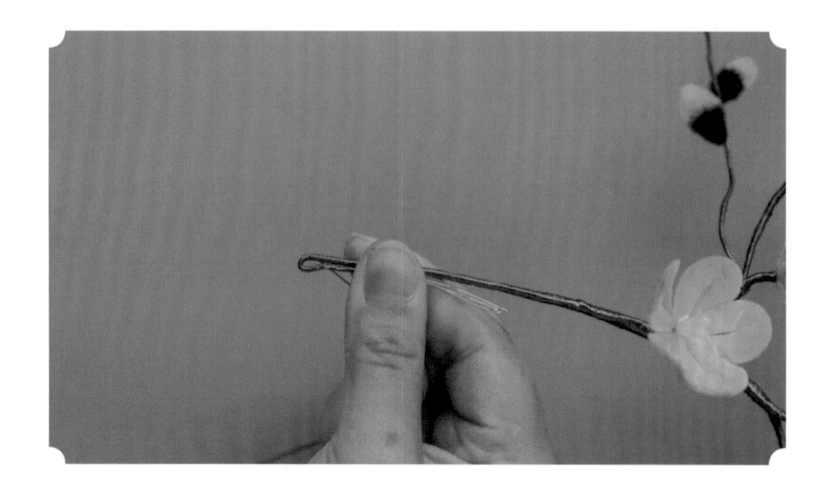

21 留一个孔后用丝线将两根花茎继续往上缠绕。

22 向上缠绕后打结，收尾。

23 腊梅完成。

水仙花

• **材料与工具** •

绒条、丝线、湘绣线、花蕊、发梳、尺子、剪刀、镊子、夹板、定型水、鬃毛刷、打火机。

水仙花是我国十大名花之一，在我国的栽培历史已有一千多年，是古时的清供佳品，同时还有凌波仙子和金盏银台的别称。（缠绕簪棍的技巧和手法将在第六章详细说明。）

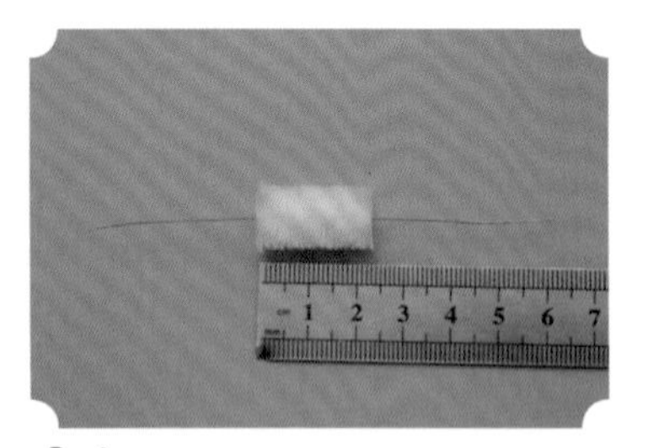

01 准备 2.4 厘米长的白色绒条 18 根。

02 尾端打尖。

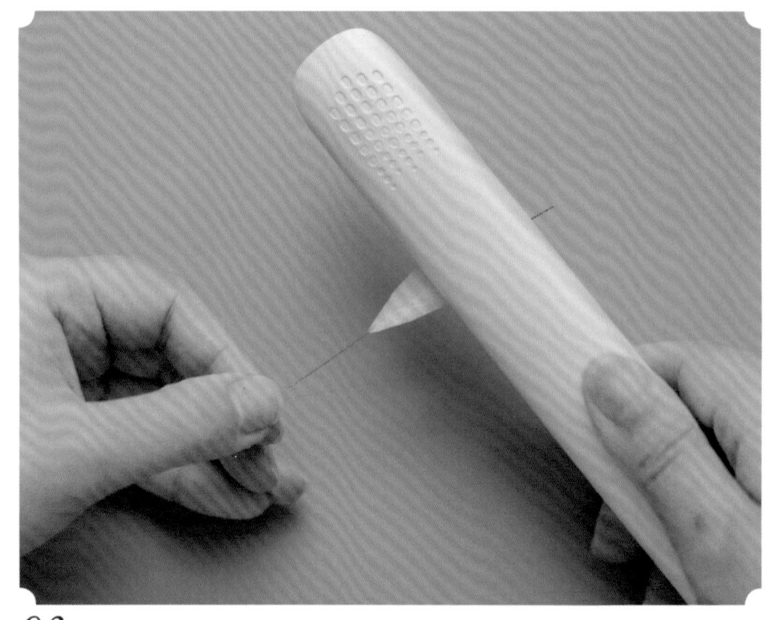

03 用夹板由尾端往上夹。

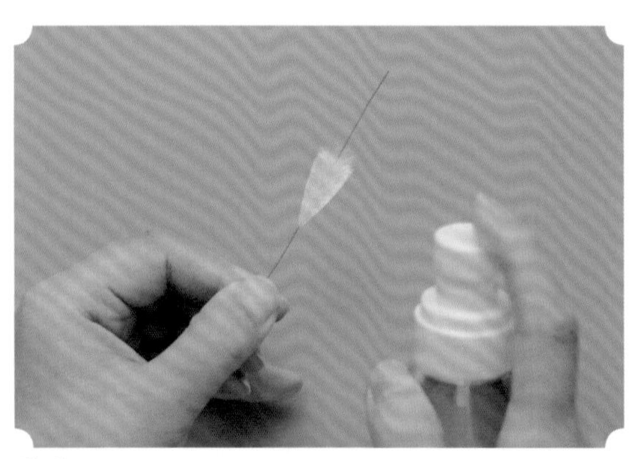

04 喷过定型水后再用夹板夹一次。

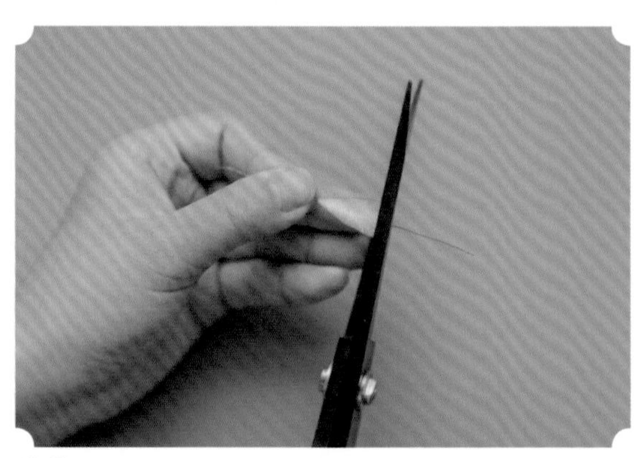

05 修剪花瓣，剪掉较宽一端的铜丝。

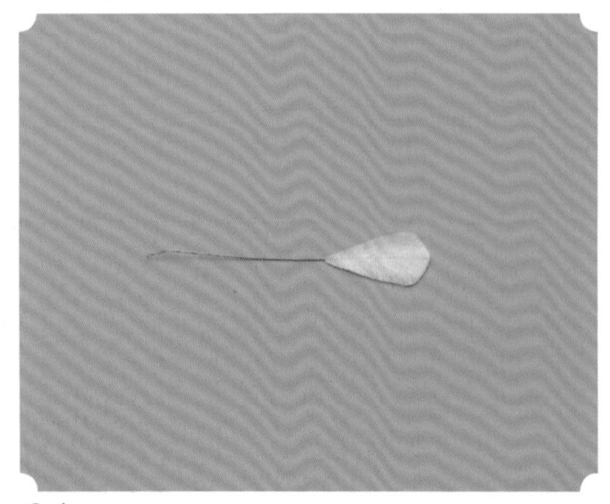

06 花瓣修成如图所示的形状。

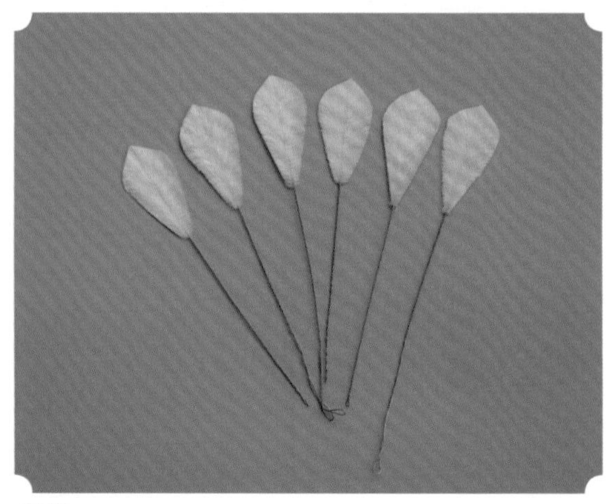

07 每 6 个花瓣为一组，编成三组。

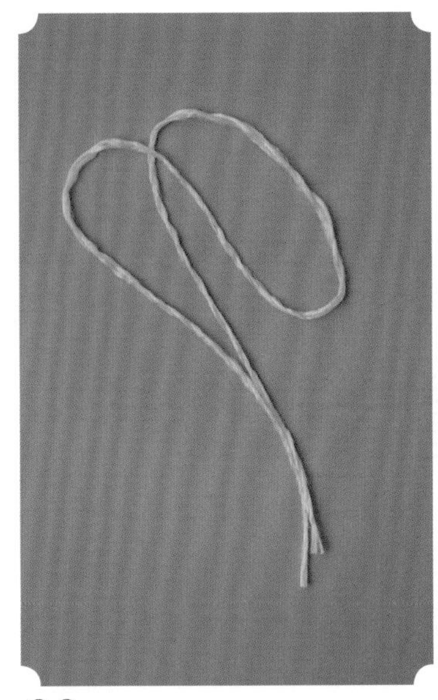

08 拿出一根鹅黄色丝线（湘绣线）。

09 对折两次。

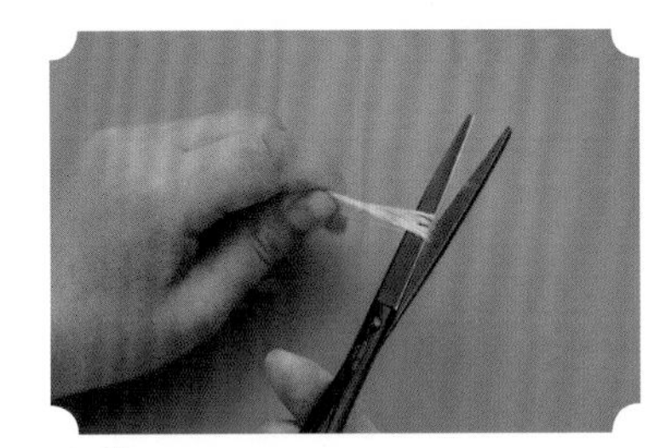

10 从对折处剪开。

11 用鬃毛刷把丝线刷开。

12 将顶端修剪整齐。

13 将丝线和两根对折的花蕊组合，丝线在外，花蕊在内，用浅绿色丝线捆绑。

14 依次组装花朵。

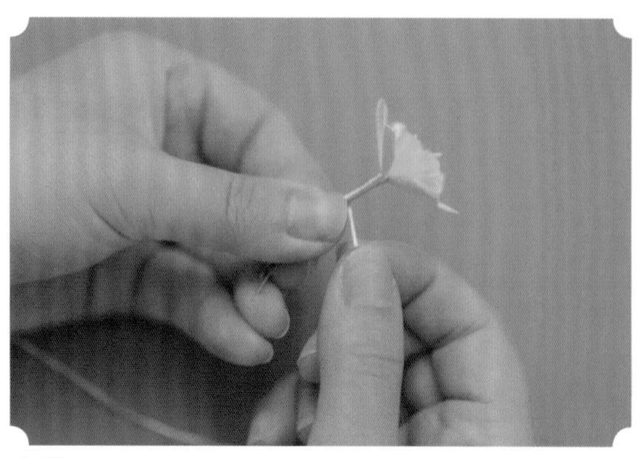

15 花朵底部用丝线捆扎整齐。

16 如图所示，制作花朵，打结，备用。

17 准备 4.3 厘米长的绿色渐变绒条 5 根。

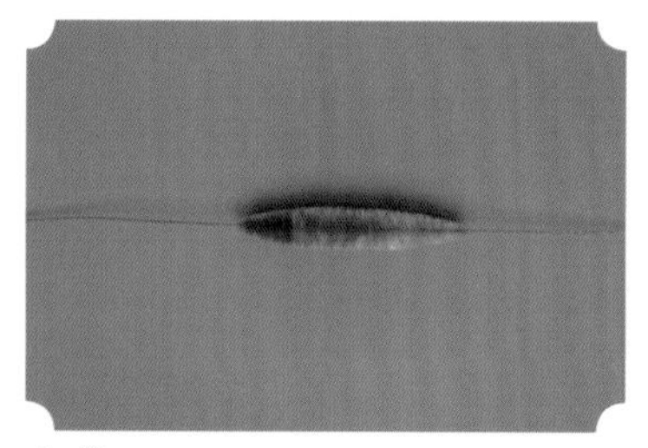

18 两头打尖。

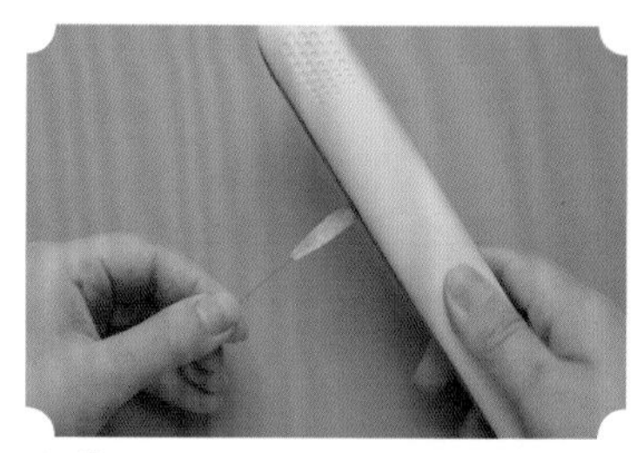

19 用夹板由下到上压一遍。

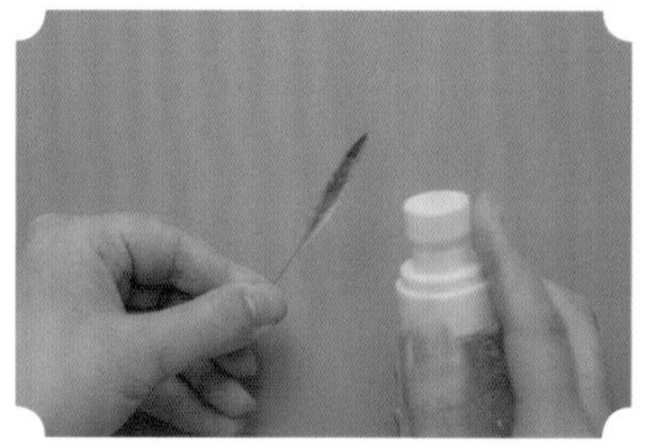

20 喷定型水后，再用夹板夹一次。

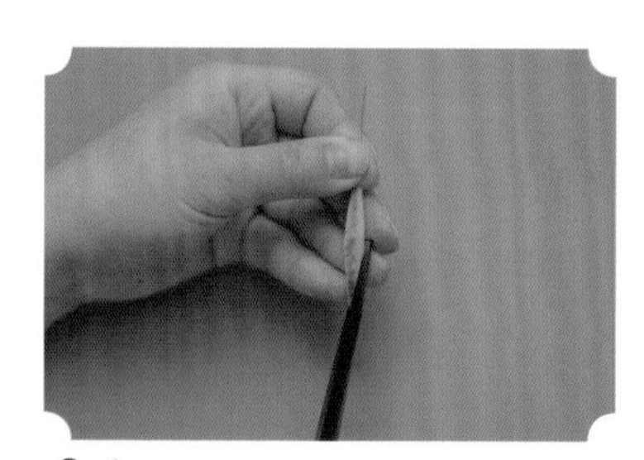

21 修剪叶子，并剪断一端的铜丝。

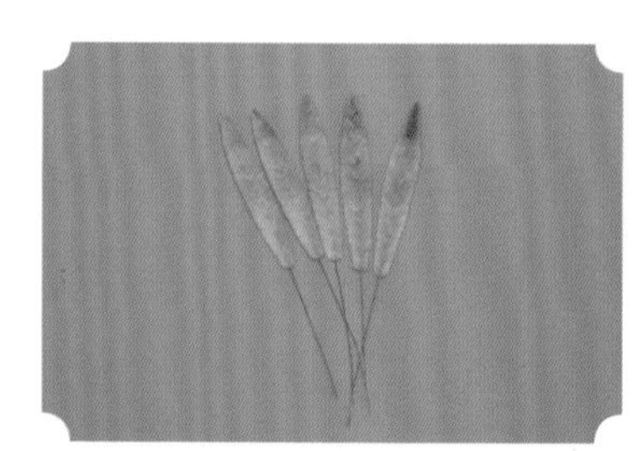

22 修剪完毕。

23 用浅绿色丝线将花和第一片叶子进行组装。

24 组装第二片叶子，注意两片叶子之间形成一定角度，姿态会更优美。

25 顺着花茎向下，组装第三片叶子。

26 在第三片叶子底部位置，调整花枝角度，使花枝形成一个弧度，同时组装第二朵花。

27 组装第四片叶子。

28 调整花枝的姿态，并组装第三朵花。

29 组装最后一片叶子。

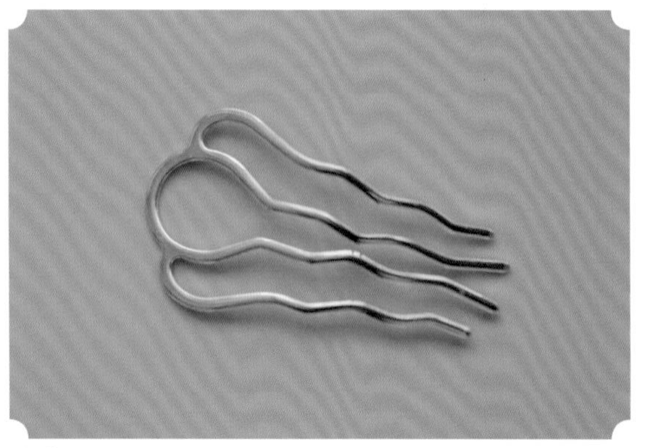

30 取出发梳。

31 将花朵主体用丝线绑在发梳上。

32 丝线始终要处于拉紧状态，打结，收尾。

33 用镊子调整花型。

34 完成。

荷花

• 材料与工具 •

绒条、丝线、湘绣线、花蕊、发钗、尺子、剪刀、镊子、夹板、定型水、鬃毛刷、打火机。

荷花品格高贵，被古人认为是清白、高洁的象征。周敦颐名篇《爱莲说》称其出淤泥而不染，清香远溢，十分高雅。（缠绕簪棍的技巧和手法将在第六章详细说明。）

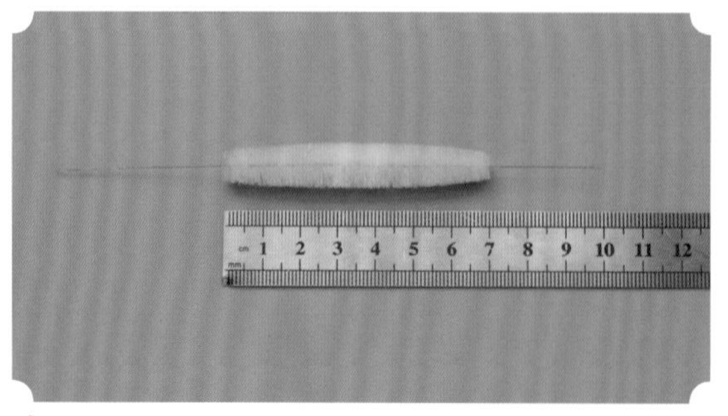

01 准备 7 厘米长的粉色、淡粉色、绿色突变的绒条 12 根。

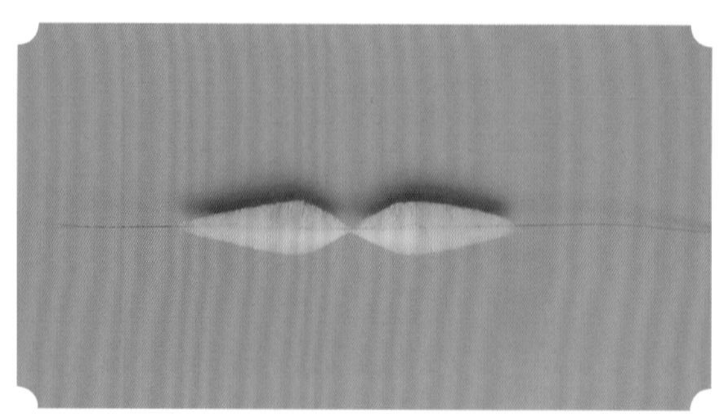

02 对半打尖。

03 用镊子对折、圈好，两端的铜丝拧在一起。

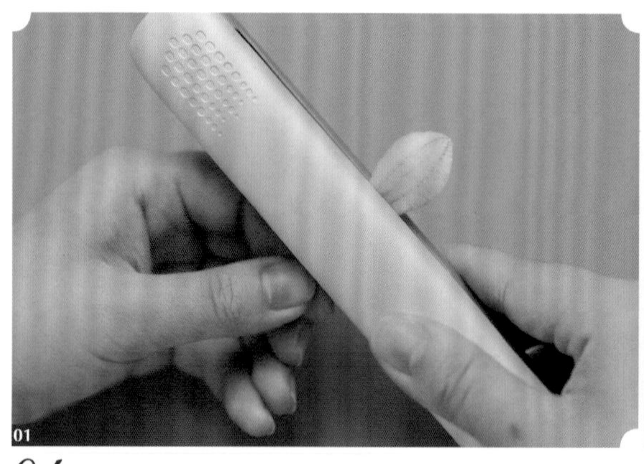

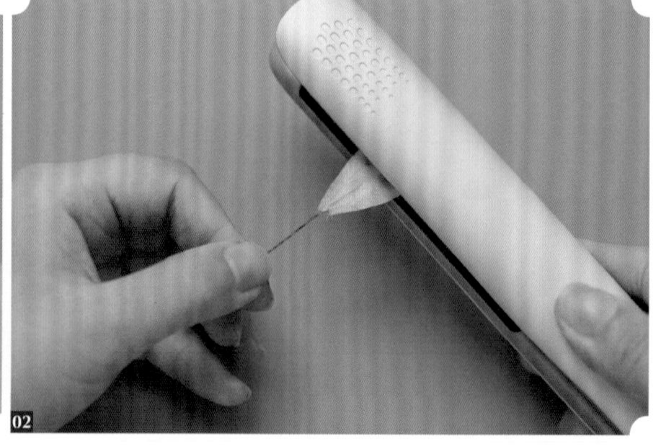

04 用夹板将圈好的绒条由下到上夹平。

05 喷过定型水后，再用夹板夹一次。

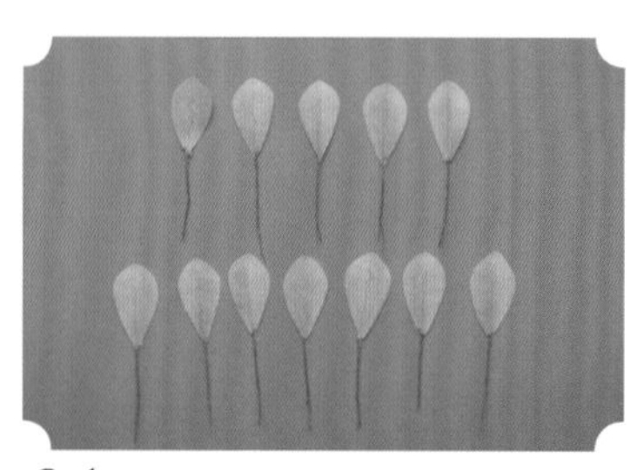

06 修剪好的花瓣如图所示。

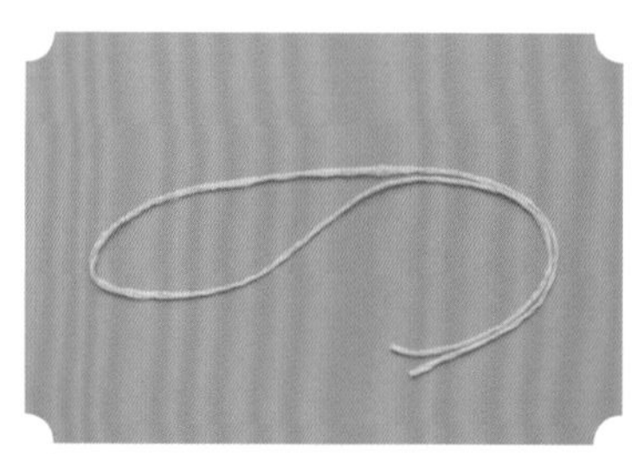

07 拿出一根鹅黄色的丝线（湘绣线）。

08 对折两次。

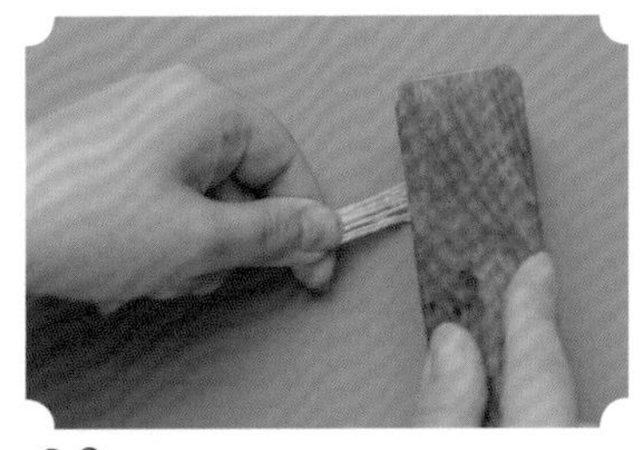

09 将顶部剪开后用鬃毛刷梳开。

10 取出 10~12 根黄头的花蕊对折，鹅黄丝线在内，花蕊在外，用绿色丝线捆好。

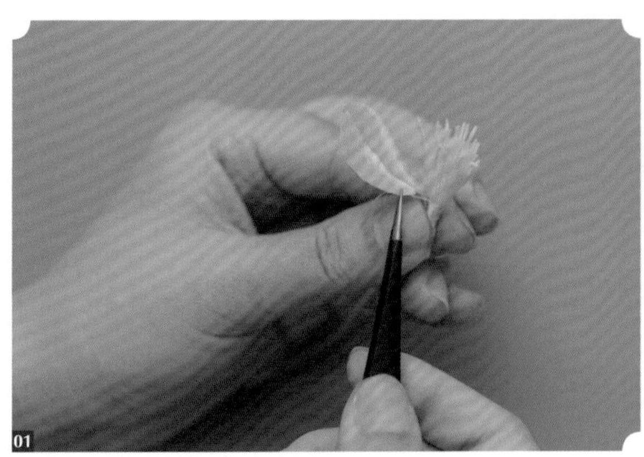

02

11 组装第一层的 5 片花瓣。

02

12 组装第二层的 7 片花瓣。

13 用丝线在花朵底部再缠绕一段花茎。

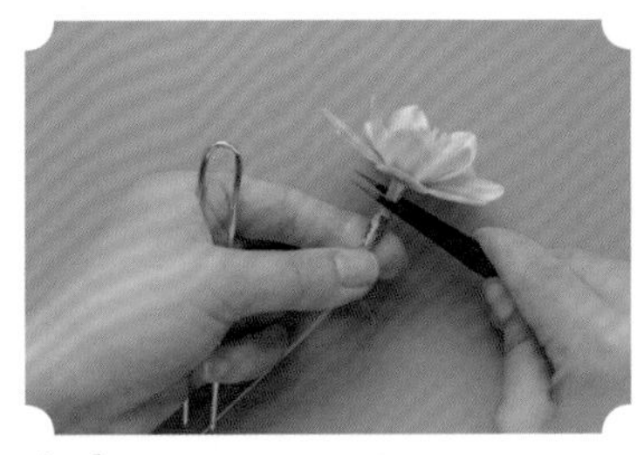

14 用镊子拧一下花茎，使花和花茎形成一定角度。

15 将花茎用丝线组装在发钗上。

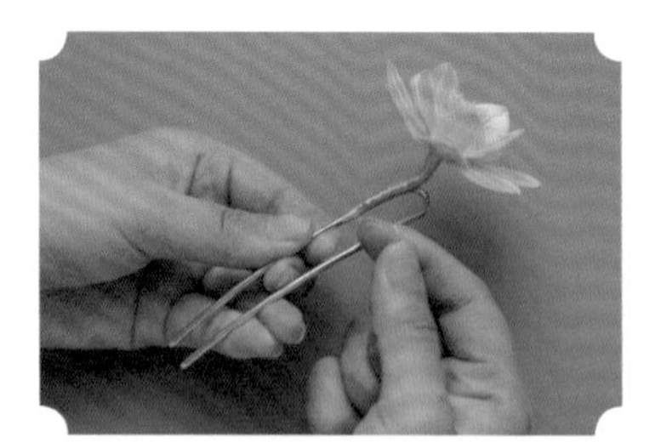

16 丝线始终要扎紧。

17 打结，用打火机燎一下收尾。

18 用镊子调整花型。

19 完成。

星芹

• 材料与工具 •

绒条、丝线、单头花蕊、发簪、尺子、剪刀、镊子、夹板、定型水、打火机。

星芹的花名来自拉丁文，是星星的意思，因花朵较小，花蕊下面的花瓣像是光芒四射的星星一样，因此得名星芹。此款花型需要对半打尖，所以制作过程中要注意绒条的大小和长度。

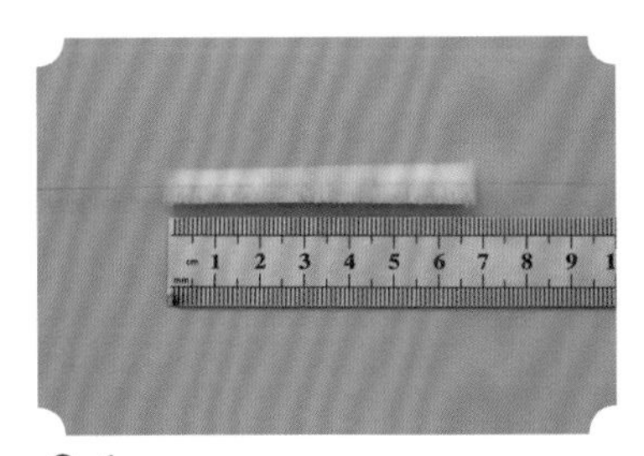

01 准备 7 厘米长的绒条 16 根，绒条的颜色为白、绿突变。

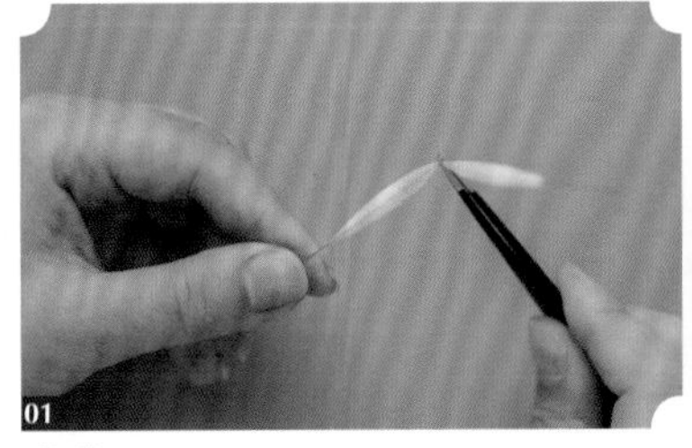

02 对半打尖，对折，将两端的铜丝拧在一起。

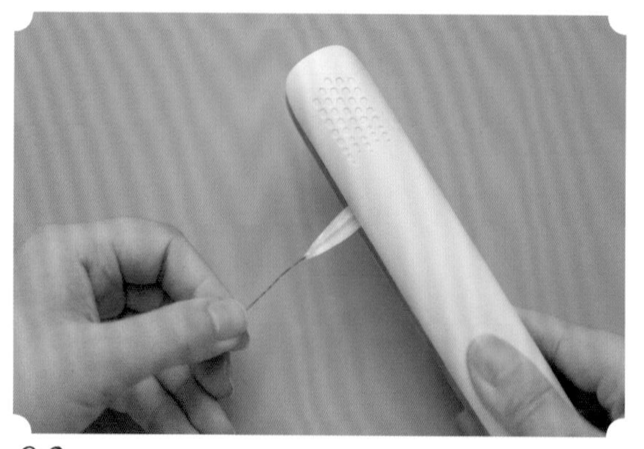

03 用夹板由下到上夹平。

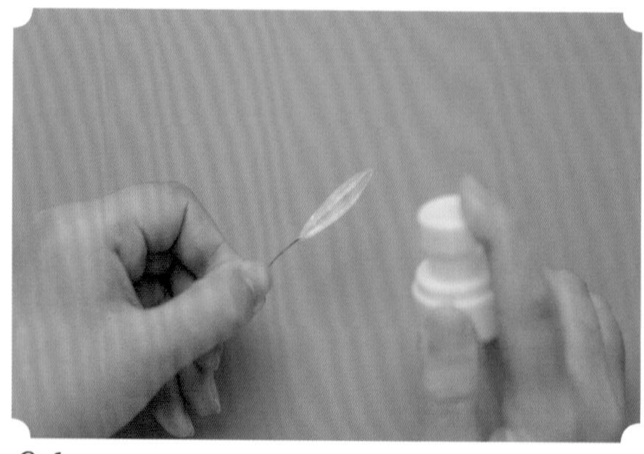

04 喷定型水后再用夹板夹一次。

05 修剪形状。

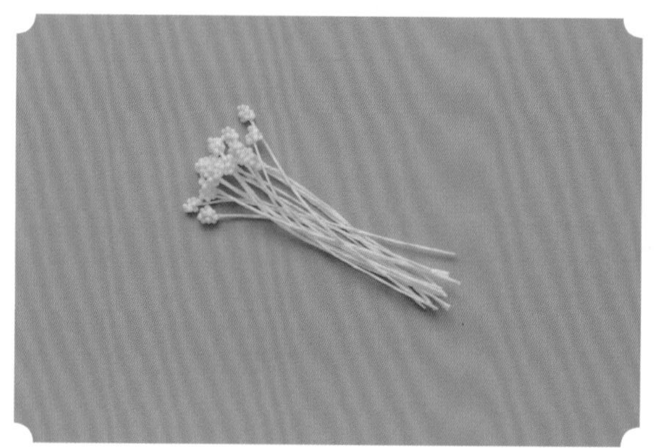

06 准备 18~20 根白色单头花蕊，单头花蕊在使用时不需要对折。

07 花瓣环绕花蕊，用绿色丝线依次组装 8 片花瓣。

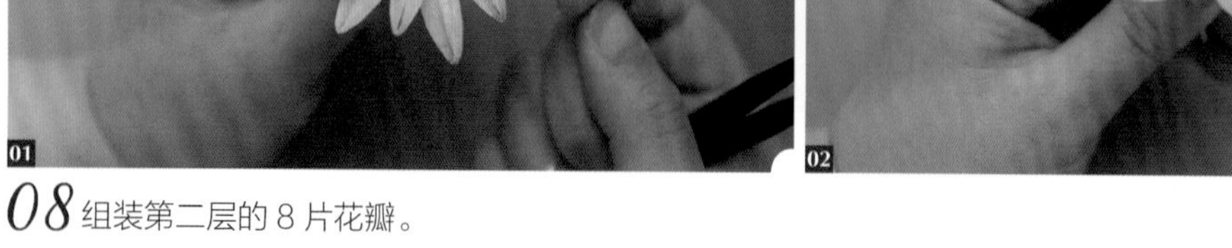

08 组装第二层的 8 片花瓣。

09 在花朵底端缠好丝线。

10 将花朵与发簪绑好。

11 打结，收尾。

12 用镊子调整花型。

13 完成。

雪绒花

• 材料与工具 •

绒条、丝线、发钗、尺子、剪刀、镊子、夹板、定型水、打火机。

雪绒花又名火绒草，原产于欧洲的高海拔地区，是著名的高山花卉之一，为阿尔卑斯山的名花。此款花型在制作过程中分为花蕊、花瓣、叶子三个部分，没有过多的技巧，只需在组装时多注意花朵的形态即可。

花蕊部分

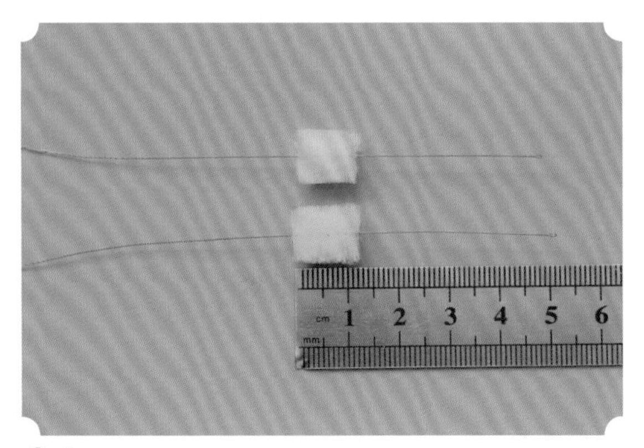

01 准备 6 根 1.2 厘米长的黄色绒条和一根 1.2 厘米长的绿色绒条。

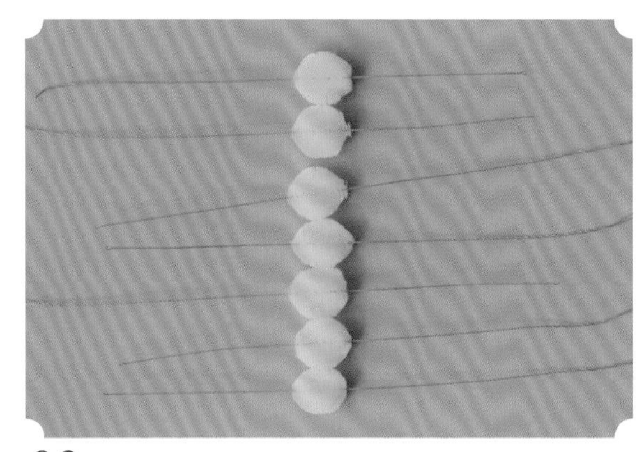

02 上下打尖，修剪成球型。

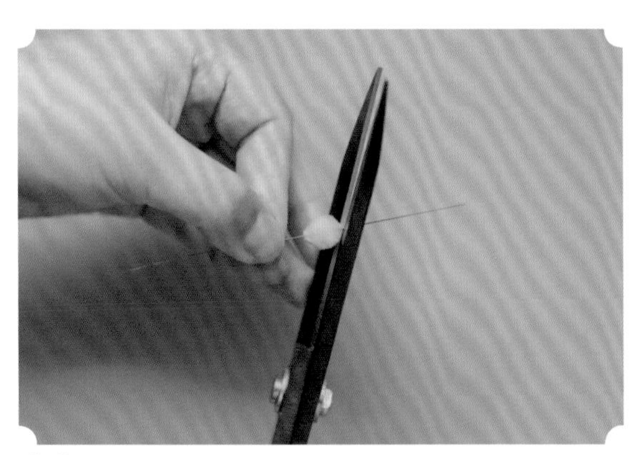

03 用剪刀剪去所有绒条一端的铜丝。

04 以绿色绒条为中心，用 6 个黄色绒条围绕绿色绒条，依次缠绕，打结，备用。

叶子部分

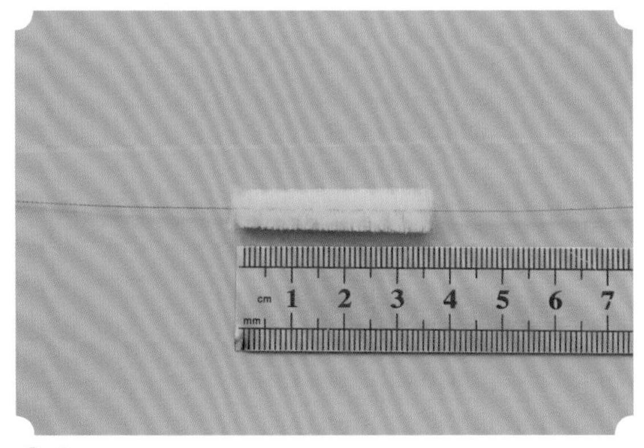

01 准备 5 根 3.2 厘米长的绿色绒条。

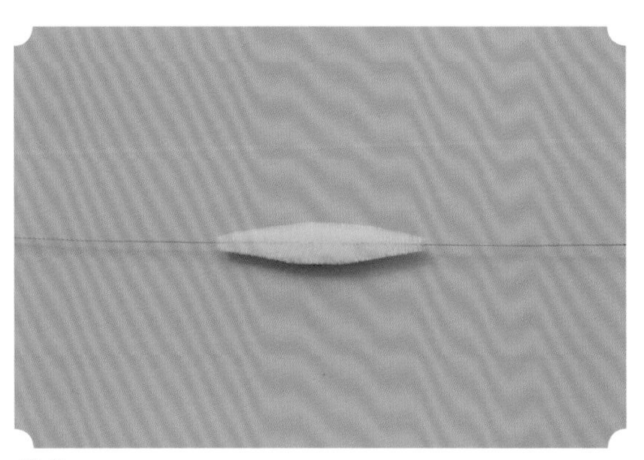

02 两头打尖。

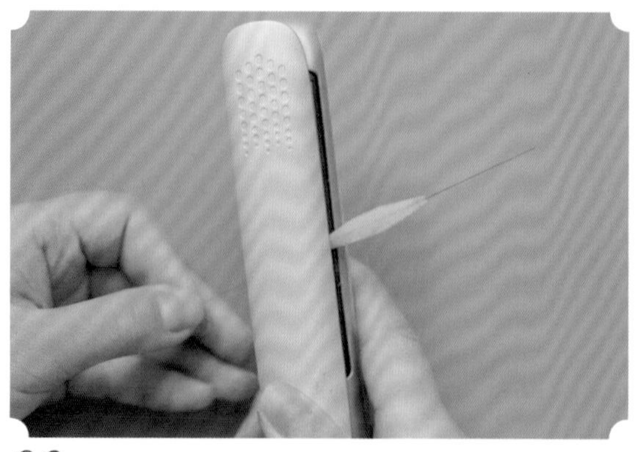

03 用夹板由下往上将绒条夹平，喷一次定型水后，再用夹板夹一次。

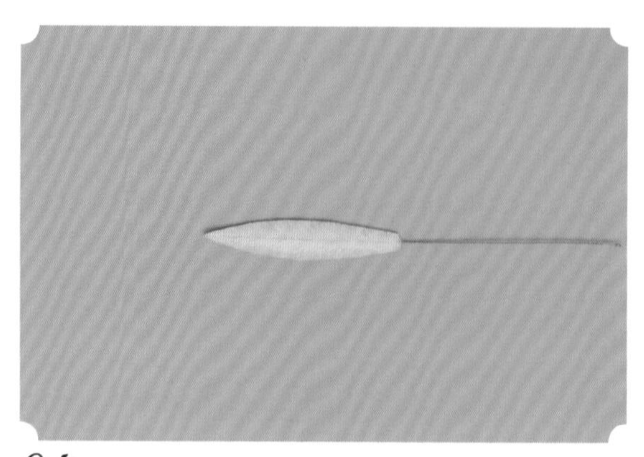

04 剪去一端的铜丝，修成如图所示的形状。

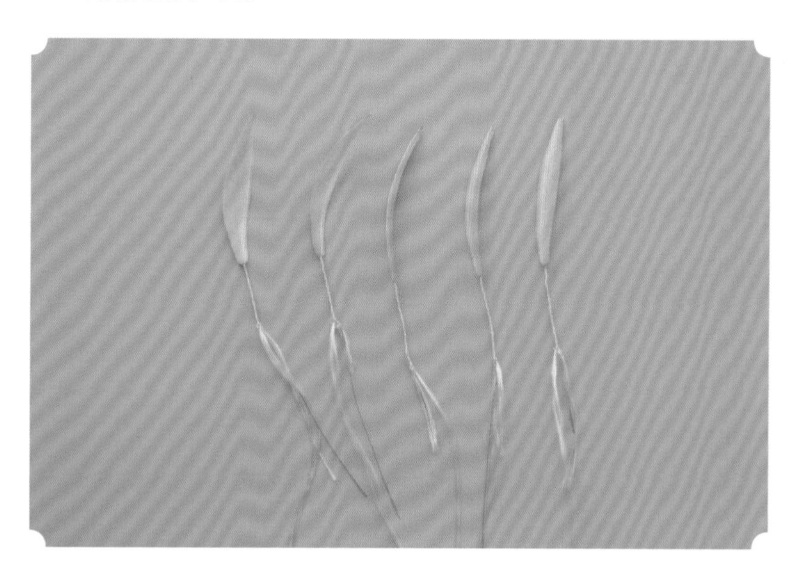

05 用绿色丝线把叶子底端的铜丝绕好，隐藏铜丝。

◆ 花瓣部分

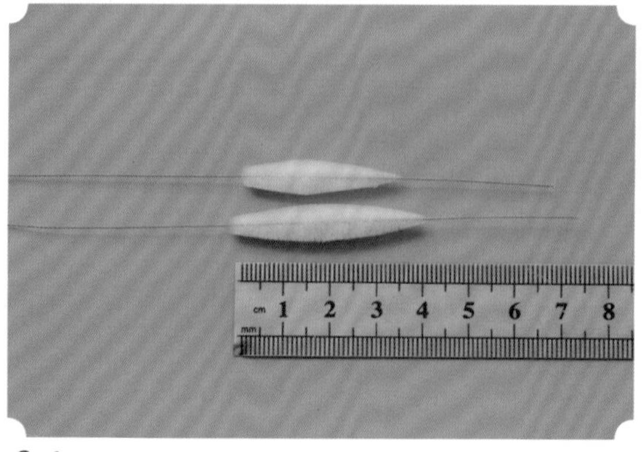

01 准备 7 根 3.5 厘米长的米黄色绒条，7 根 4 厘米长的白色绒条。

02 两头打尖，剪去一端的铜丝，并用夹板夹平。

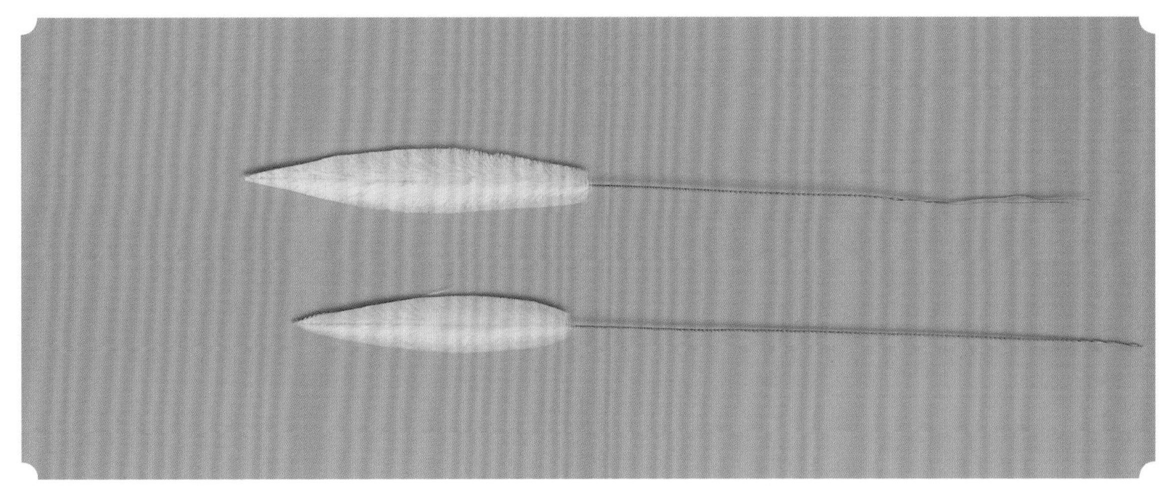

03 夹平后喷定型水，再用夹板夹一次，作为大小花瓣备用。

◆ 组装

01 将“花蕊部分”的步骤 01~ 步骤 04 做好的花蕊和一片米黄色的小叶子按照如图所示组装好。

02 依次组装第一层的米黄色花瓣，组装时使用绿色丝线。

03 如图所示，第一层花瓣组装完成。

04 用同样的方法组装第二层的白色花瓣，如图所示，第二层的花瓣组装完成。

05 在花朵底部继续绕好丝线。

06 用镊子把做好的叶子加上去，并用丝线缠绕。

07 5 片叶子依次加上去后，将其组装在发钗上。

08 打结，剪断丝线，用打火机燎一下，收尾。

09 完成。

竹叶

• 材料与工具 •

绒条、丝线、铜丝、尺子、剪刀、镊子、夹板、定型水、打火机。

竹叶的做法较为简单，但是枝干和叶子的组合要注意错落有致，不可太繁杂。此类简单的花型可用于插瓶或是胸针（做胸针时绒条需要相应缩短长度）。

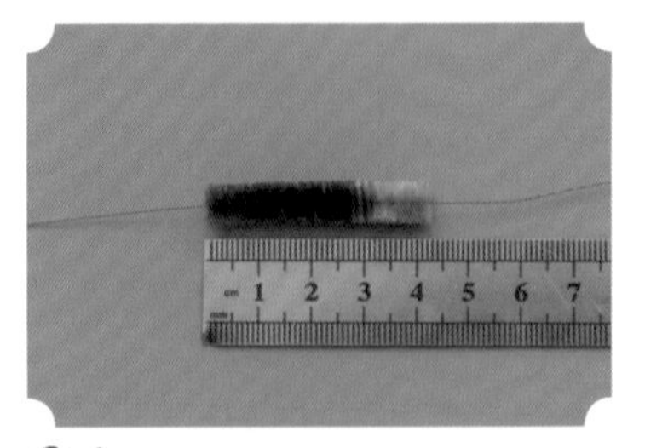

01 准备 14 根 4.3 厘米长的绿色渐变绒条。

02 两头打尖。

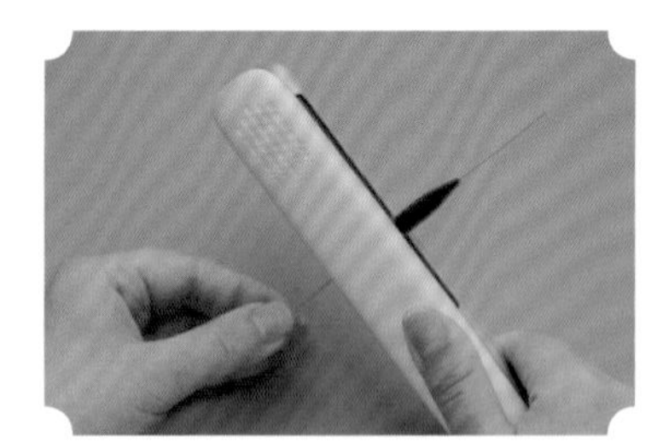

03 用夹板由下到上夹一遍。

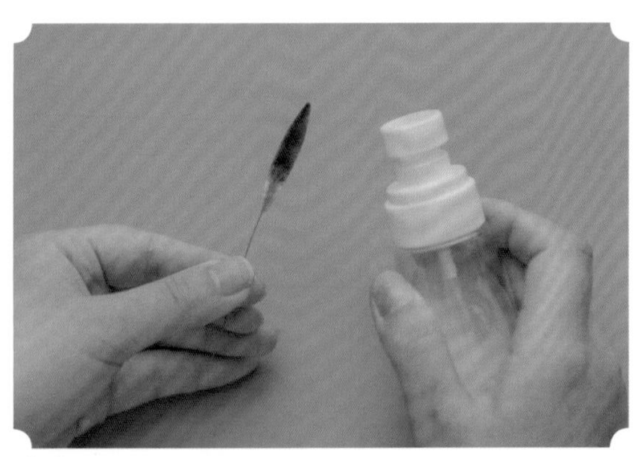

04 喷定型水后再用夹板夹一次。

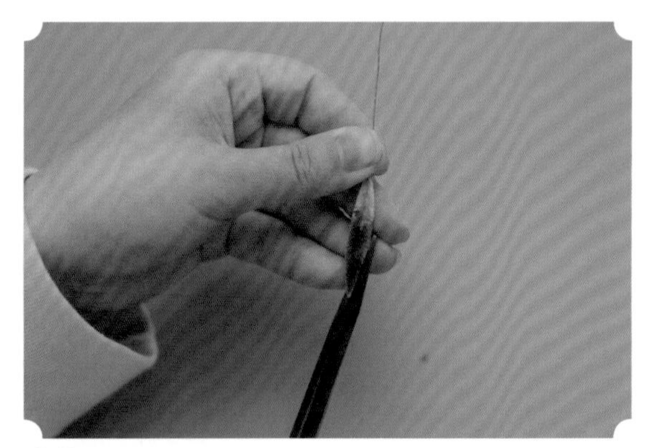

05 修剪叶型。

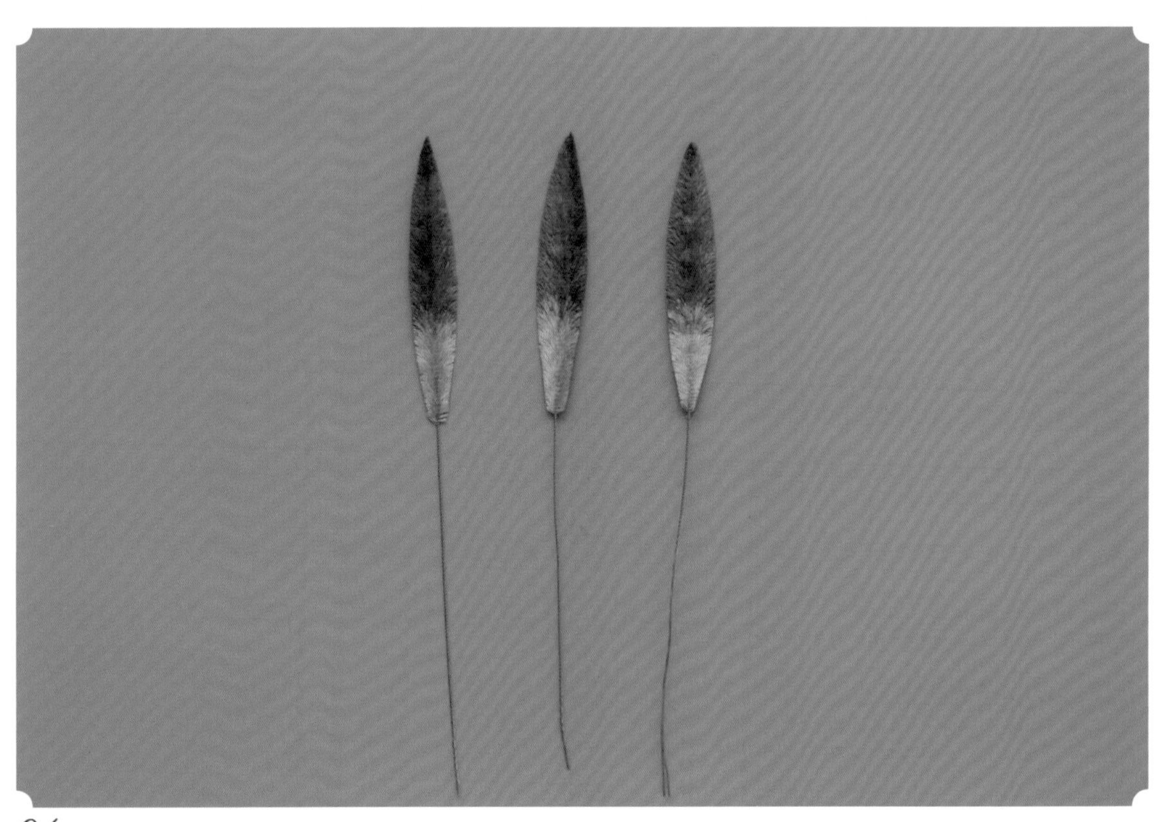

06 修剪完成。

07 每三个叶子为一组呈鸡爪型，依次用绿色丝线组装。

08 把几组叶子有层次地组装好。

09 拿出一根 0.5 毫米的保色铜丝，将铜丝对折。

10 用丝线将铜丝组装在竹叶底部。

11 缠绕一段距离后将铜丝对折。

12 将裸露的铜丝和已经缠好的铜丝继续缠绕。

13 直至缠绕到最下面的叶子和枝干的连接处，打结。

14 用打火机燎一下，收尾。

15 完成。

第五章 绒制动物

绒制动物是20世纪较为流行的绒花工艺。因为绒制品毛绒可爱的特点，老师傅们研制出了一系列的动物绒花，如十二生肖、猴子偷桃、松鼠葡萄以及各式小鸟。由于绒制动物对工艺水平要求很高，故本章仅选取了最简单的四种绒制动物供读者学习。

蝴蝶

• **材料与工具** •

绒条、丝线、铜丝、簪棍、尺子、剪刀、镊子、夹板、定型水、打火机。

01 准备一根 3 厘米长的赭石色绒条。

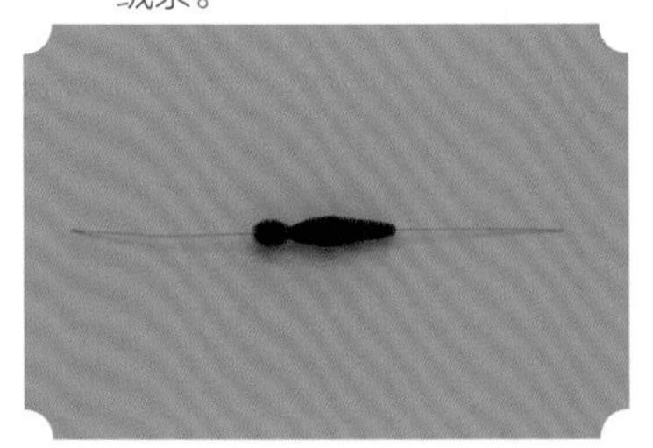

02 打尖成如图所示的形状。

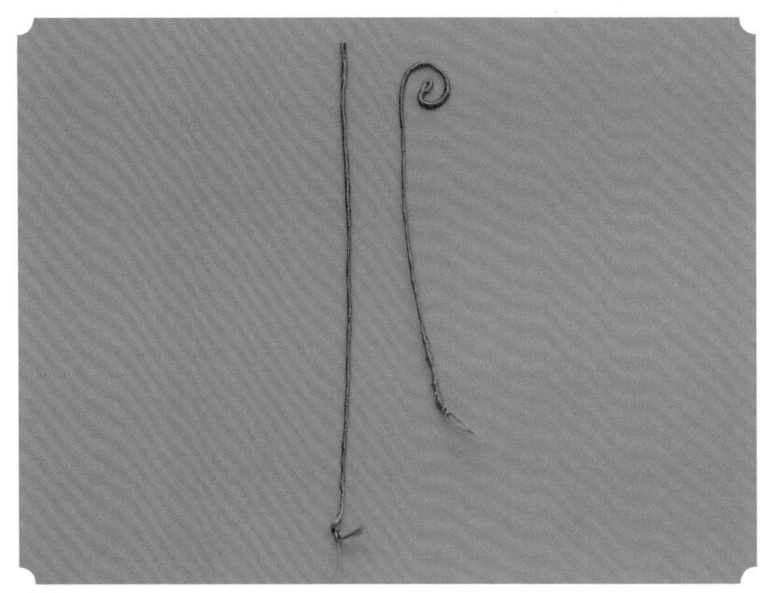

03 用褐色丝线将铜丝缠好，当作蝴蝶的触须。

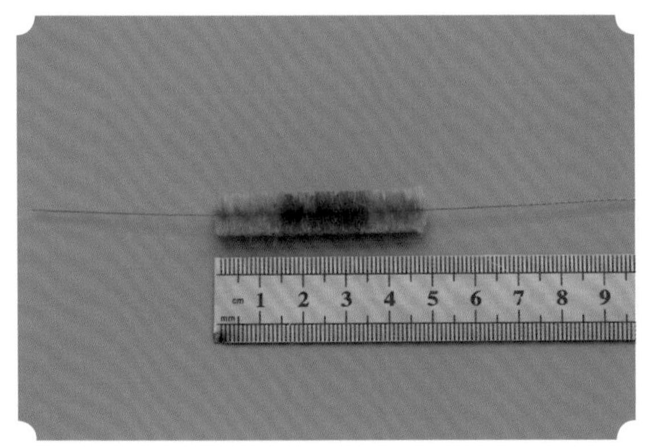

04 准备 4.7 厘米长的蓝色渐变绒条 4 根。

05 对折圈好，将两端的铜丝拧在一起。

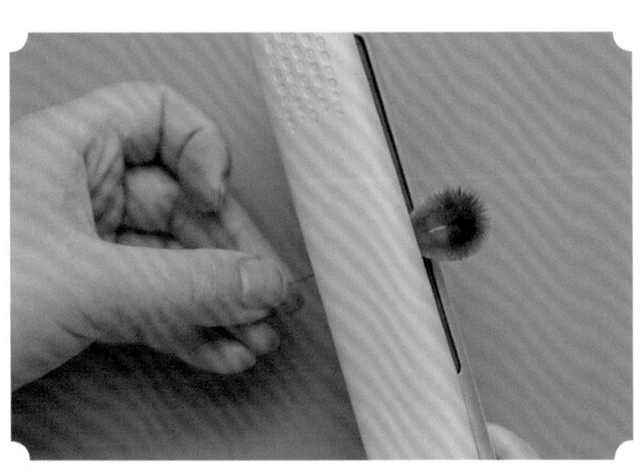

06 用夹板从下到上把绒条烫平。

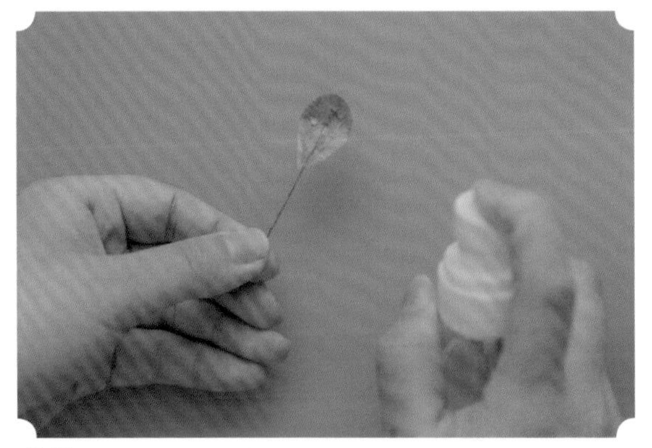

07 喷过定型水后，再用夹板夹一遍。

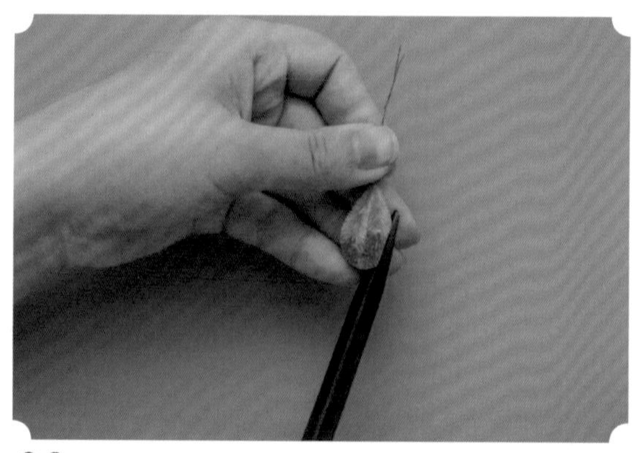

08 修剪翅膀的形状。

09 修剪完毕。

10 两个翅膀为一组，将铜丝拧在一起，形成右图所示的形状。

11 将两对翅膀如图所示拧在一起。

12 把触须放置在翅膀的中间。

13 拿出步骤 01~ 步骤 02 做好的蝴蝶身体，用棕色丝线将身体、翅膀、触须一起扎好。

14 剪掉身体前端的铜丝。

15 将主体缠绕在簪棍上。

16 打结，收尾，完成。

蜜蜂

• 材料与工具 •

绒条、丝线、棉线、仿真翅膀、珠子、尺子、剪刀、镊子、白乳胶、打火机。

01 如图所示，准备一根 3.5 厘米长的黄、黑突变的绒条。

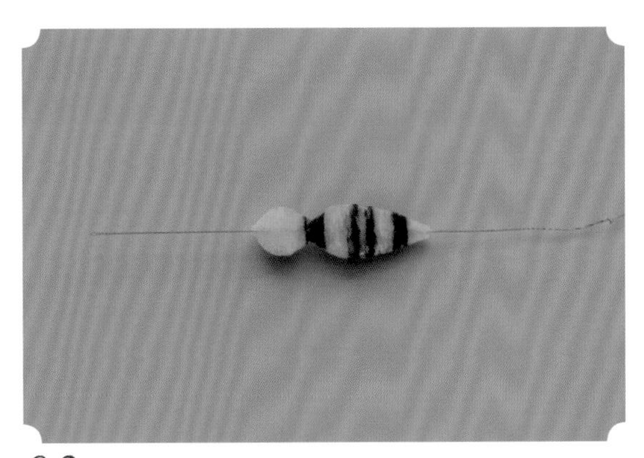

02 修剪成如图所示的形状。

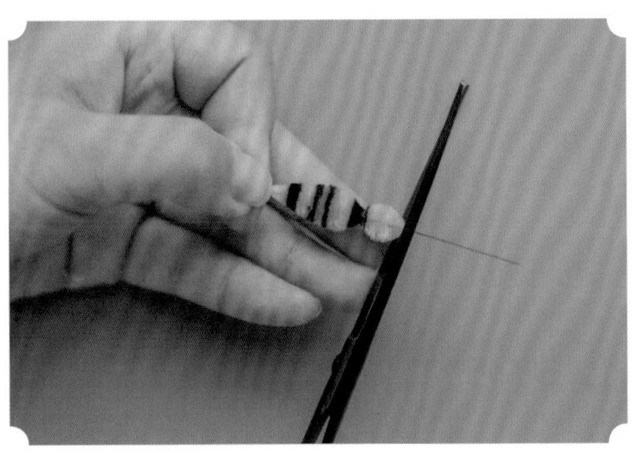

03 剪掉头部的铜丝。

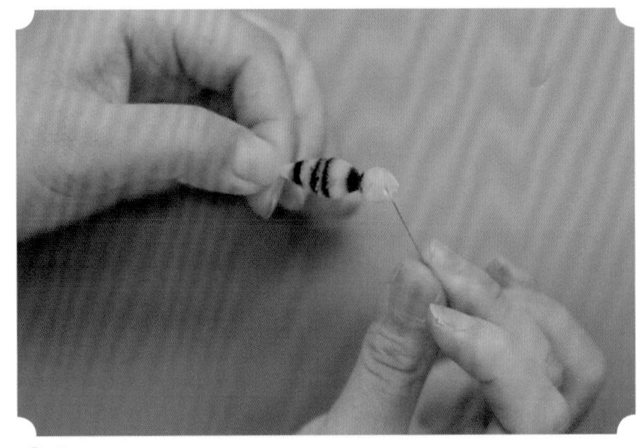

04 用铜丝蘸取少量白乳胶，在眼睛处涂好。

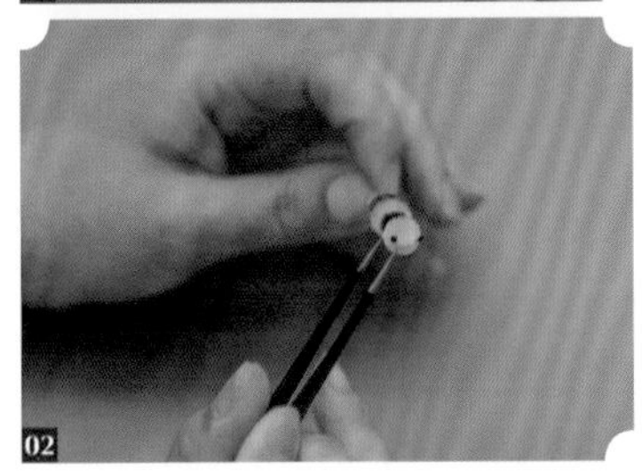

05 把黑色珠子粘在涂白乳胶的地方。

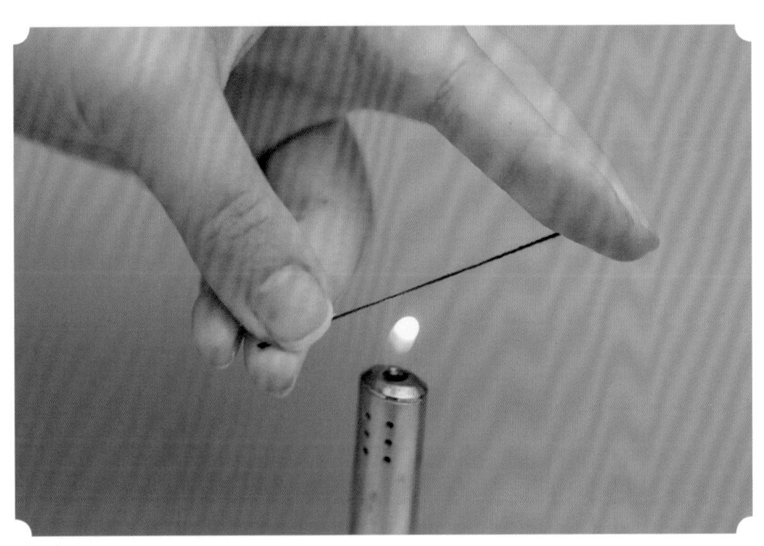

06 用火烤一下黑棉线使其变硬。

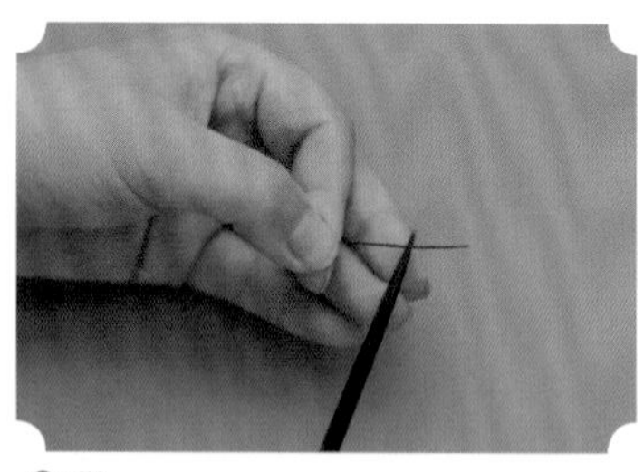

07 剪成长约 0.8 厘米的两段。

08 将其粘在眼睛旁边当作蜜蜂的触须。

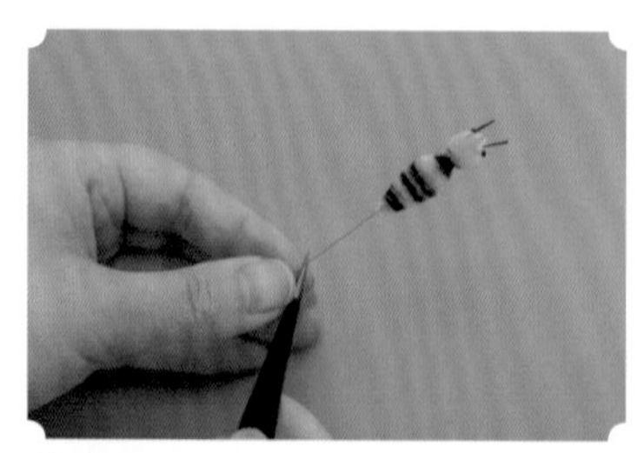

09 粘完的效果如图所示。

10 拿出仿真翅膀。

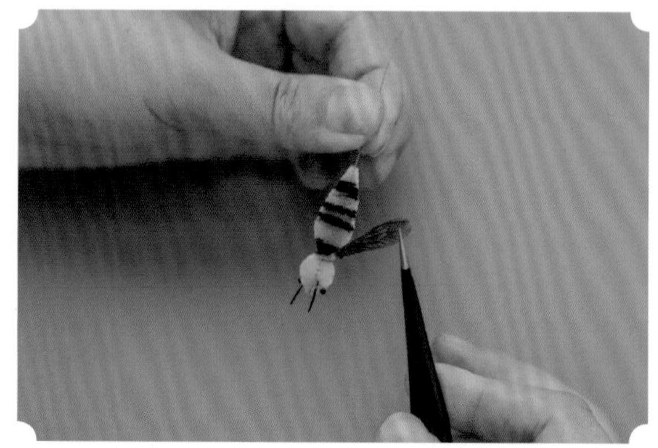

11 用白乳胶将仿真翅膀粘到蜜蜂头部和身体的连接处。

12 完成。

蜻蜓

• 材料与工具 •

绒条、丝线、铜丝、珍珠、珠子、簪棍、尺子、剪刀、镊子、打火机。

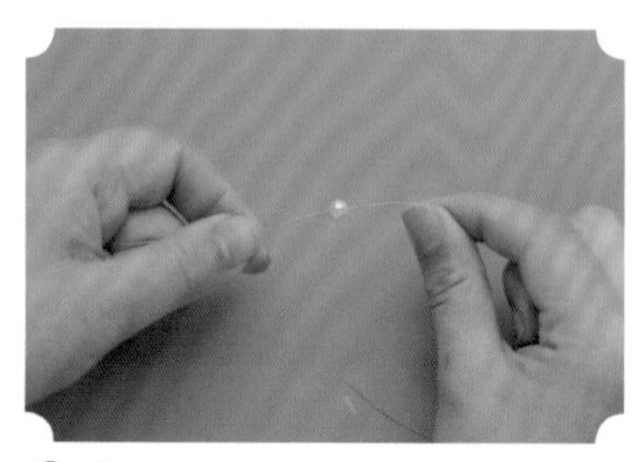

01 将 0.2 毫米的铜丝对折后穿过一颗直径 6 毫米的珍珠。

02 在珍珠右边穿一颗直径 4 毫米的红珠子。

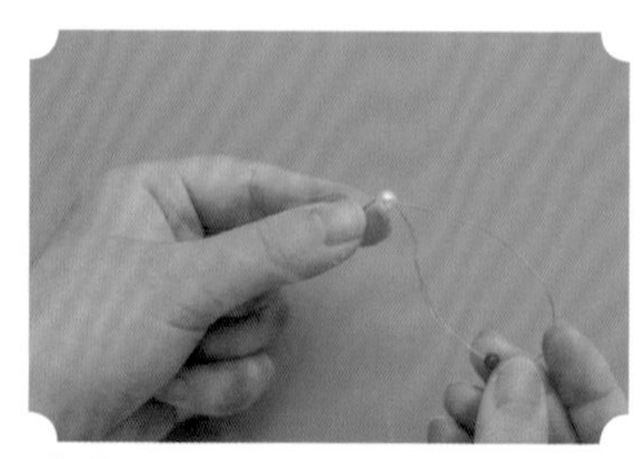

03 顺势将铜丝再次穿过珍珠。

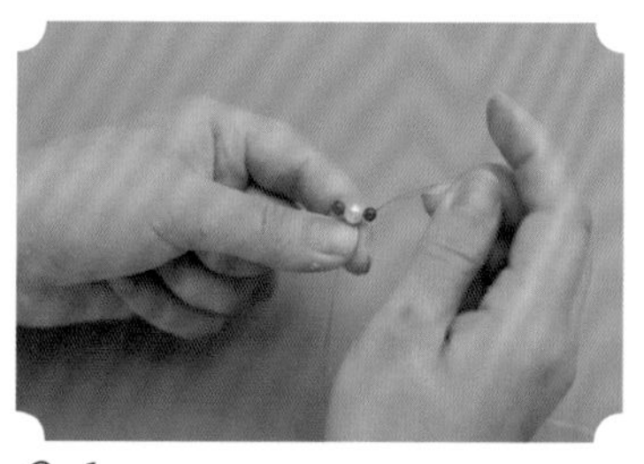

04 另一边用相同的方式做好。

05 蜻蜓的头制作完成。

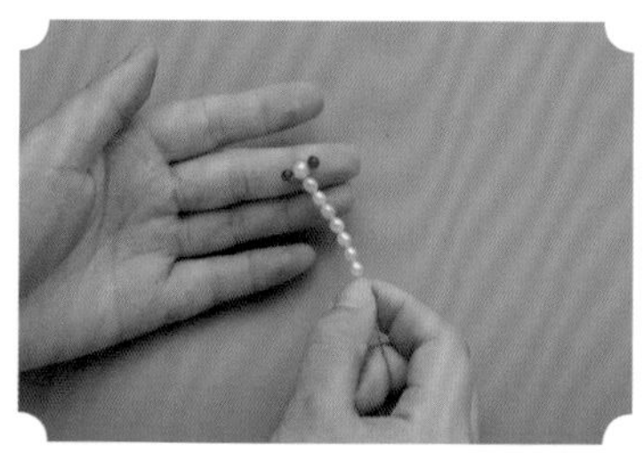

06 把两边的铜丝合在一起，穿 7 颗直径 5 毫米的珍珠。

07 在尾巴处将铜丝拧在一起。

08 留一段铜丝绕圈收尾。

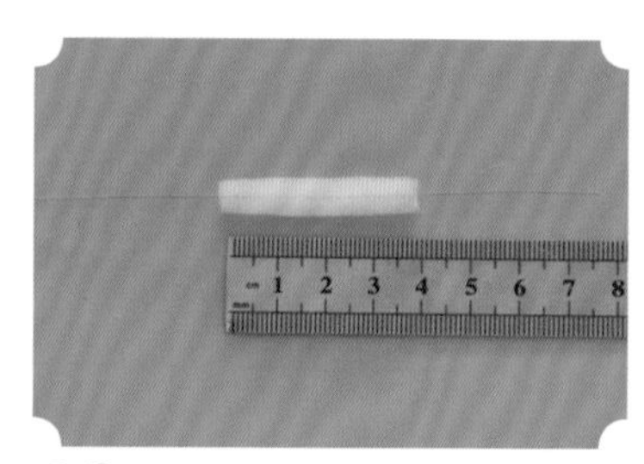

09 准备 4 厘米长的黄色绒条 8 根。

10 两头打尖。

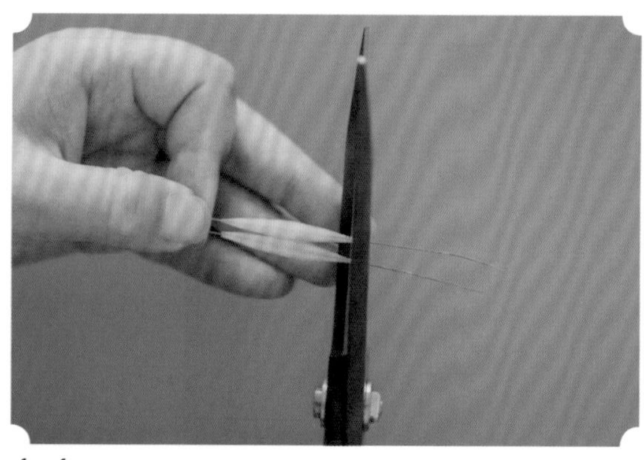

11 剪去一端的铜丝。

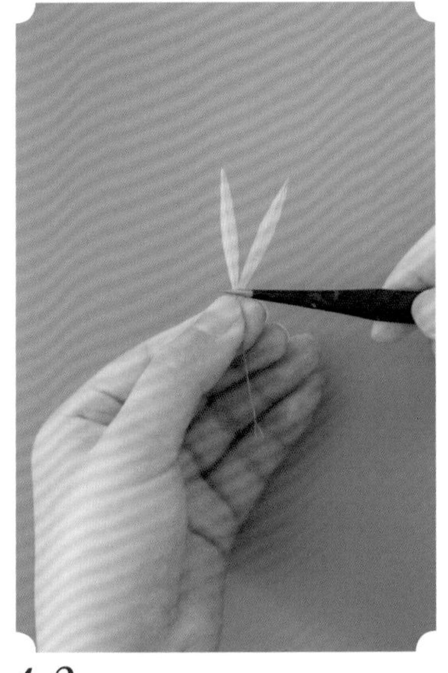

12 将两根绒条拧在一起组成一个翅膀。

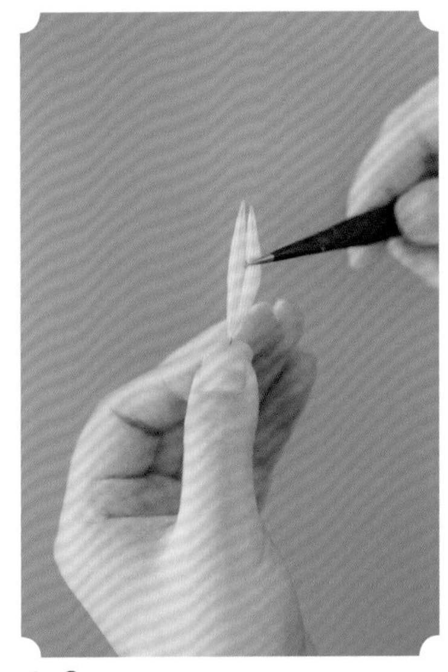

13 用镊子塑形。

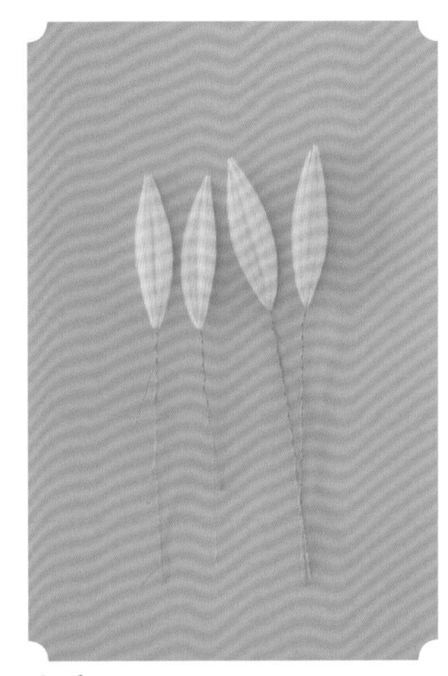

14 四个翅膀制作完成。

15 两个翅膀为一组进行组合。

16 组合后的大致形状。

17 将两组翅膀的铜丝拧在一起。

18 用黄色丝线缠绕裸露的铜丝。

19 再用丝线将蜻蜓的身体和翅膀组合在一起。

20 如图所示，蜻蜓的主体组合完毕。

21 将蜻蜓的主体与簪棍组合。

22 打结，收尾。

23 完成。

凤凰

• **材料与工具** •

绒条、丝线、发钗、尺子、剪刀、镊子、白乳胶、打火机。

◆ 尾巴部分

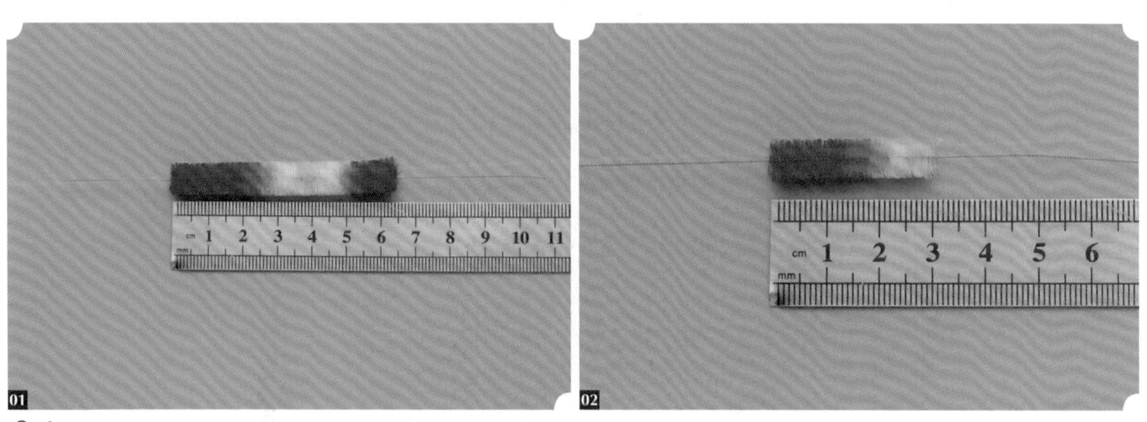

01 准备 7 根 6.5 厘米长的绒条和三根 3 厘米长的绒条，颜色为渐变、突变相结合。

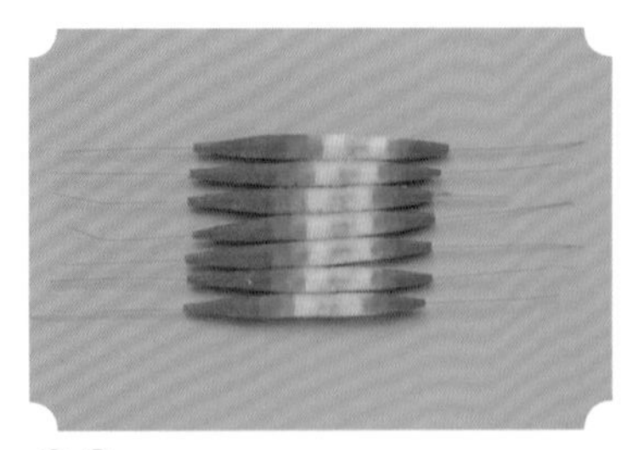

02 两头打尖。

03 将 7 根长绒条用铜丝扎在一起，呈扇形。

04 如图，用红色丝线捆扎完毕。

05 剪掉上端的铜丝。

06 用镊子塑形。

07 将 3 厘米长的绒条加到上面，用丝线捆扎。

08 尾巴的绒条如图所示。

09 用镊子给尾巴塑形。

10 完成的尾巴正面如图所示。

11 完成的尾巴背面如图所示。

◆ 翅膀部分

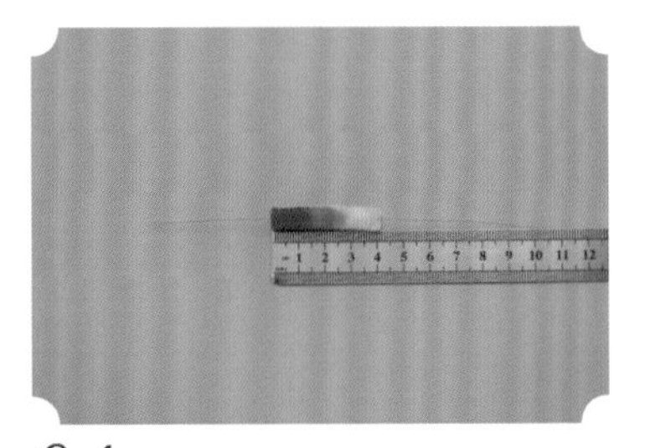

01 准备 10 根 4 厘米长的红、绿色突变绒条。

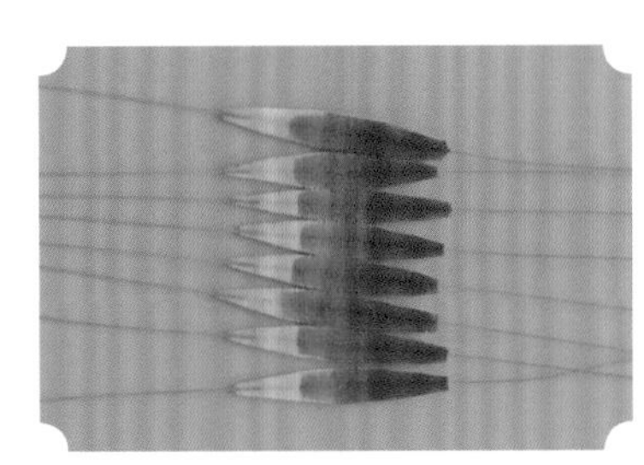

02 打尖。

03 以 5 根绒条为一组，组装在一起。

04 先将一组绒条的尖部向下弯曲塑形。

05 塑形完成。

06 再将另一组绒条反方向塑形，这样，一对凤凰翅膀制作完毕。

身体部分

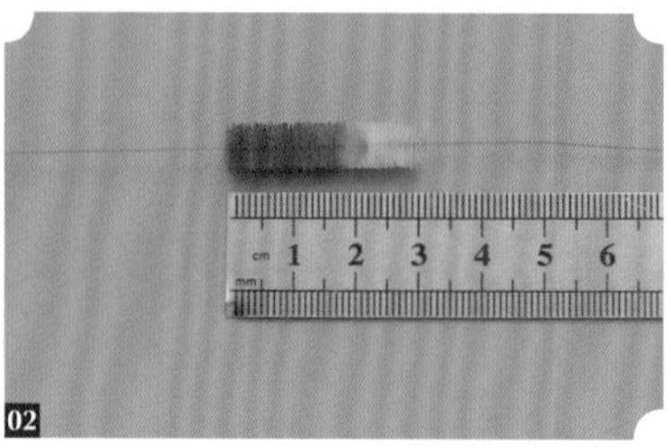

01 准备两根长 5.7 厘米的粗绒条，颜色为淡绿色、红色突变，6 根 3 厘米长的细绒条，颜色为红色、淡绿色、绿色突变。

02 先将一根粗绒条打尖对称圈好，当作身体的主体，另一根备用。

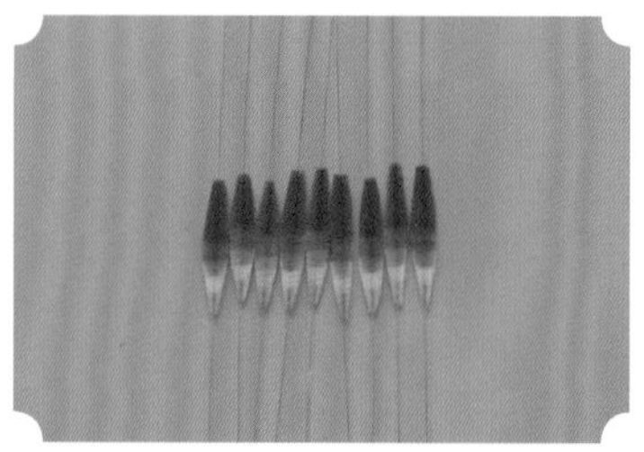

03 再拿出 3 厘米长的绒条打尖。

04 以三根为一组，用红色丝线将其有层次地组装好。

05 另一边也组装好。

06 用镊子调整一下，身体部分组装完成。

◆ 凤凰头部

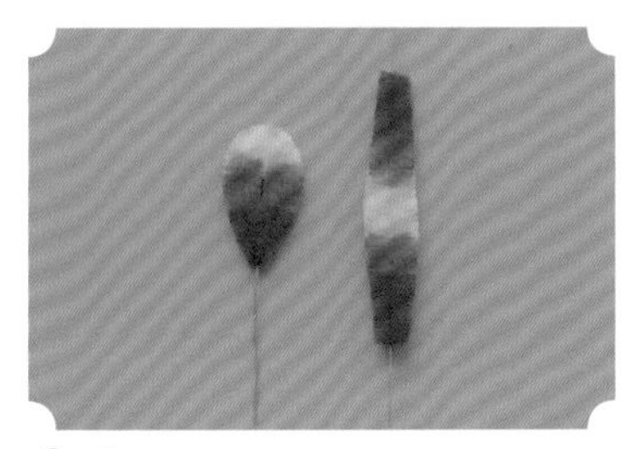

01 拿出“身体部分”步骤 02 打尖好备用的粗绒条。

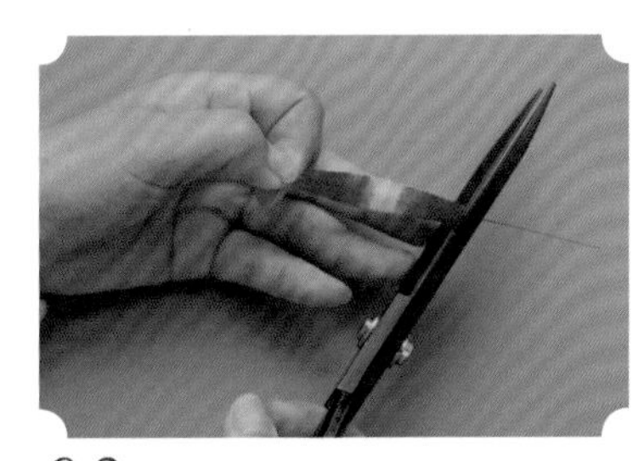

02 剪去一端的铜丝。

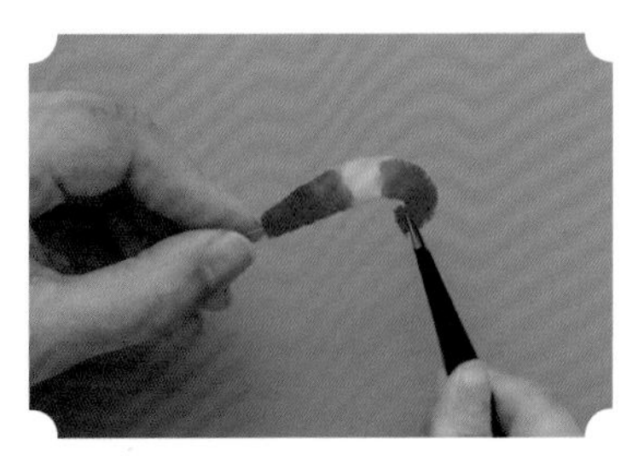

03 把细的部分用镊子往里弯曲，当作凤凰的头。

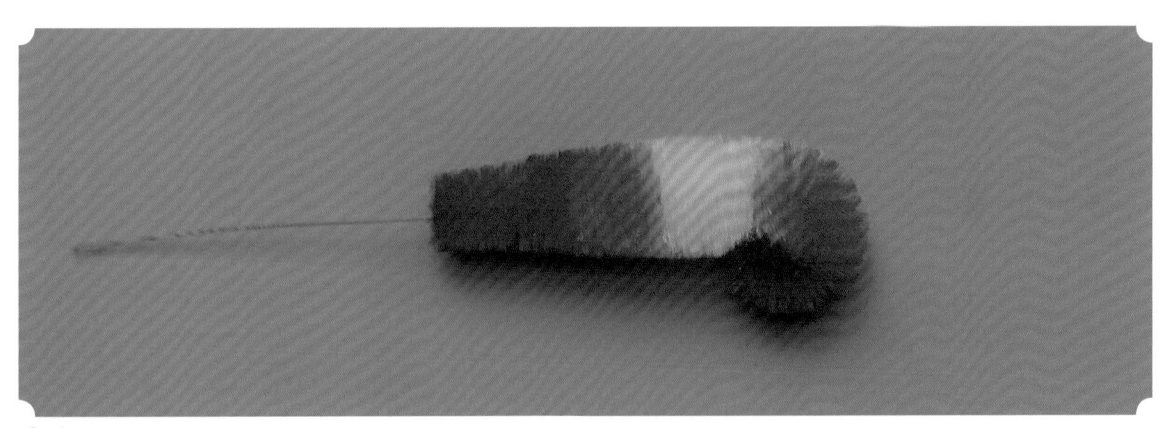

04 弯成如图所示的样子。

◆ 组装

01 先拿出做好的尾巴部分和身体部分，用丝线组合在一起。

02 再将凤凰的头部与整个身体组合在一起。

03 用丝线组装右边的翅膀。

04 接着组装左边的翅膀。

05 将凤凰主体用丝线绕在簪子上。

06 打结，收尾。

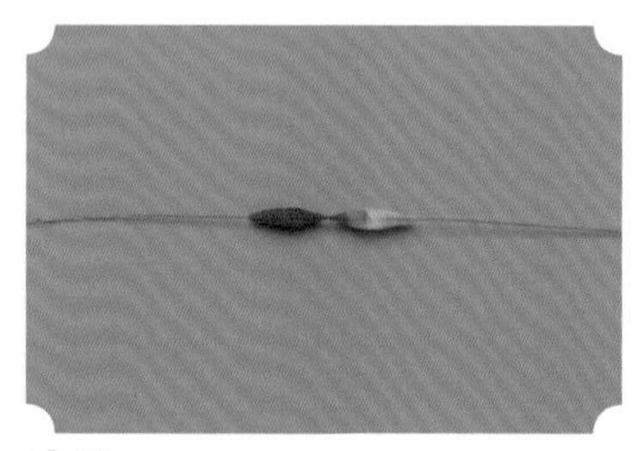

07 拿出一根 3 厘米绒条对半打尖。

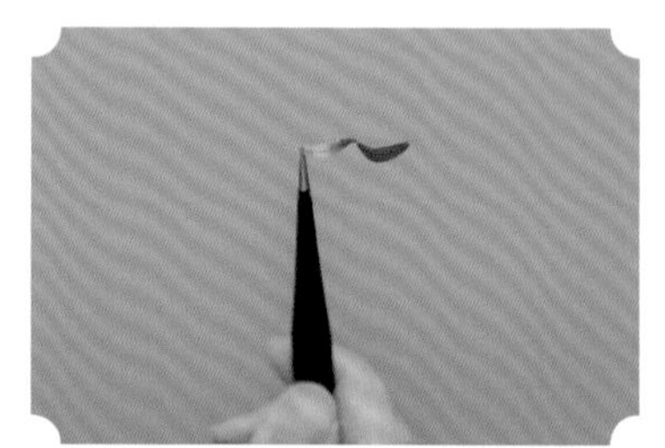

08 剪去两端铜丝，用镊子弯成如图所示的形状。

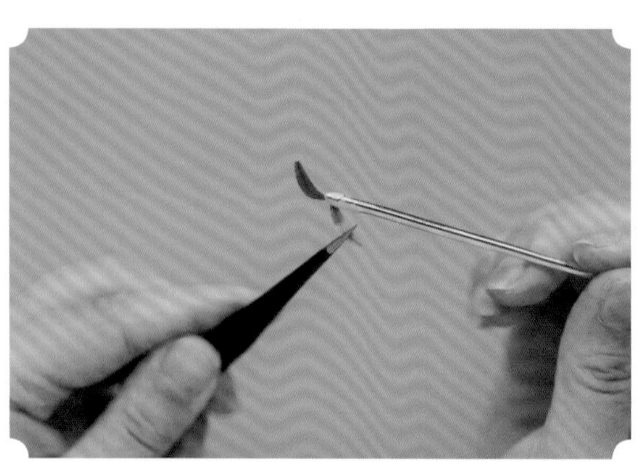

09 在中间抹好白乳胶。

10 粘合在凤凰头顶。

11 将凤凰捆绑在发钗上，打结，打火机收尾，造型完成。

第六章 绒花的不同用途

绒花在明清时期只是作为女子发髻上的发簪，每逢节庆吉日，妇女均头戴绒花，春节时可戴“聚宝盆”“吉祥鱼”“四季如春”；端午以辟邪为主，可戴“蜘蛛”“壁虎”“蜈蚣”；中秋则有“菊花”“荷莲”“月宫塔”。清末民初，绒花创新出了胸花、帐屏壁花等装饰用途。新中国成立以后，则发展创新出了绒鸟、熊猫、孔雀等绒制动物，使绒花种类更为丰富。本书将绒花的用途分为三种：发簪、胸针、插花摆件。发簪适用于传统服饰爱好者日常佩戴。胸针可作为国风类的礼物或者国风秀场的饰品，既日常又典雅大方。插花摆件可用于搭配传统风格的家居，相比真花，绒花寿命很长且光泽度较好，亦可定制不同的主题，如“岁寒三友”“喜鹊登梅”“福寿三多”等。本书最后一章主讲三种用途的花是如何组装完成的，以及组合花枝的手法，希望对大家学习绒花的制作有所帮助。

发簪

发簪按照主体形态大致分为三种：簪棍、发钗、发梳，不同的主体形态可以搭配不同的花型。

◆ 簪棍

簪棍就是我们常见到的发簪形态，为单股金属制品，材质可以是金、银镀金，也可是铜镀金，现在多用到的材质是铜镀金。

01 准备好之前做好的福寿三多花样。

02 将做好的花放置在簪棍上，用同色丝线捆紧。

03 向下缠绕。

04 向下缠绕一段距离后再向上缠绕回去。

05 在上端打结。

06 剪刀剪去多余丝线。

07 用打火机燎一下，收尾。

08 收尾完毕。

09 制作完成。

◆ 发钗

簪为单股，钗则为双股，双股的钗比单股的簪更易在发髻上固定，适合体积大一点的绒花。钗的材质也和簪一样，可以是金或银镀金，也可以是铜镀金，教程中使用的是铜镀金。

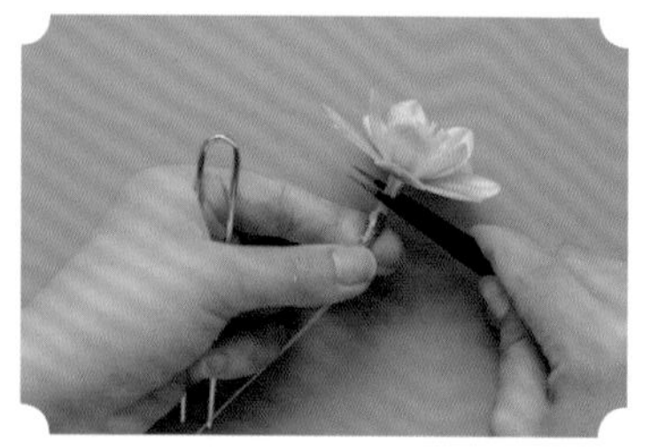

01 拿出之前做好的一朵荷花。

02 用同色丝线将花缠在发钗主体上。

03 按照个人习惯将花茎缠到左边或者右边都可以。

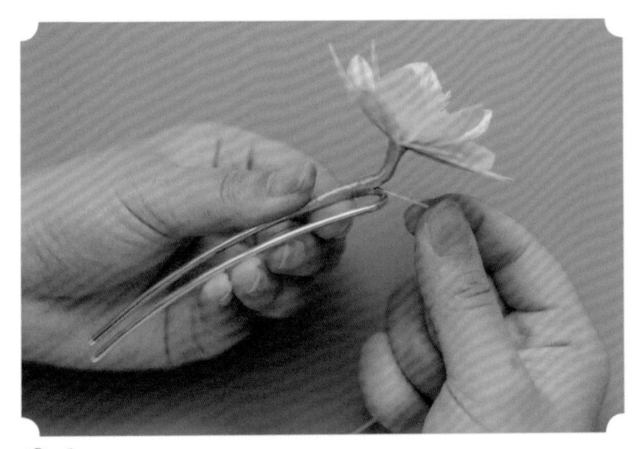

04 用丝线从上到下缠绕，再从下往上缠绕。

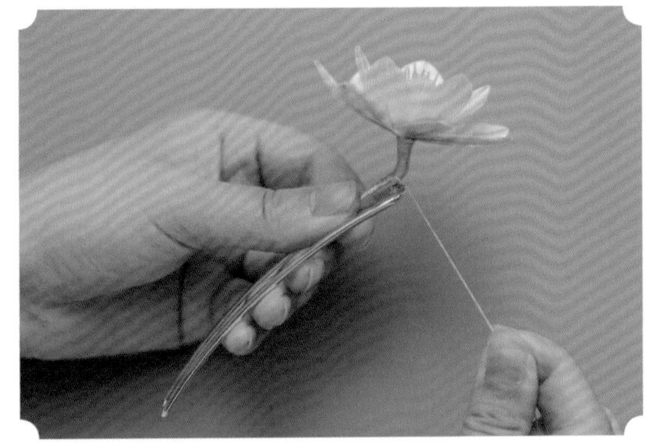

05 在最上面发钗和丝线的交界点上停留一下。

06 在花茎和发钗的交界点上绕“八字”。

07 如图所示打结，收尾。

08 完成。

◆ 发梳

发梳也是比较常见的发簪主体，材质除了金、银、铜还有玉和角质（牛角、羊角），锯齿的形状能更好地插入发髻，且不易从头上脱落。

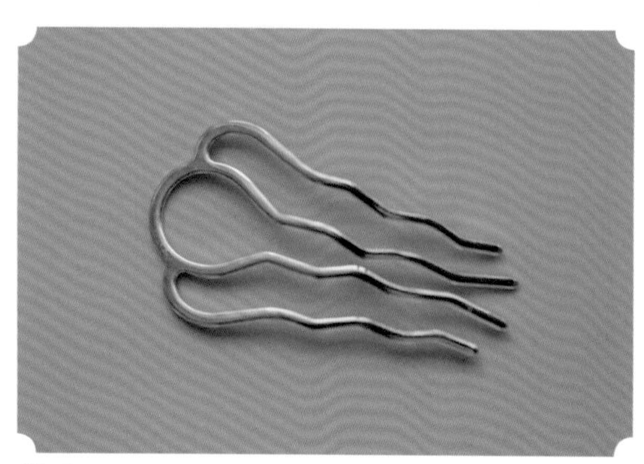

01 准备好发梳。

02 拿出之前做好的水仙。

03 用同色丝线把花枝和发梳组合起来。

04 如图所示按照齿梳一节一节地缠绕。

05 将尾部绕完以后再朝上绕。

06 如图所示打结，收尾。

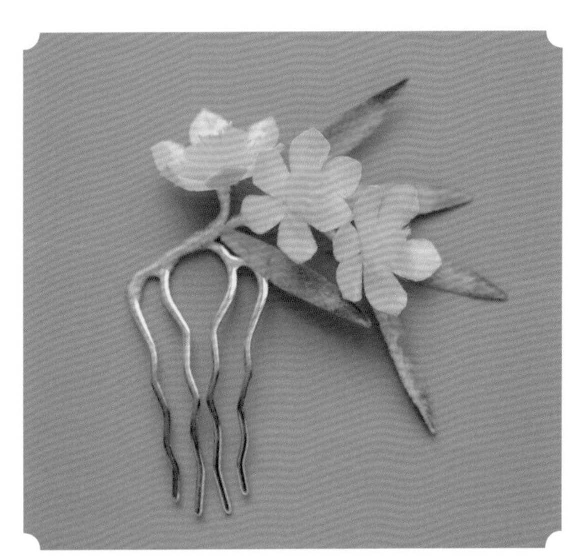

07 完成。

胸针

时尚风格胸针

此类绒花可以和新式材料搭配，比如珍珠和锆石，可以用于时尚类的秀场或者时尚创意穿搭。

01 在花朵的配色方面可自由大胆一些，花型也可以自行选择。

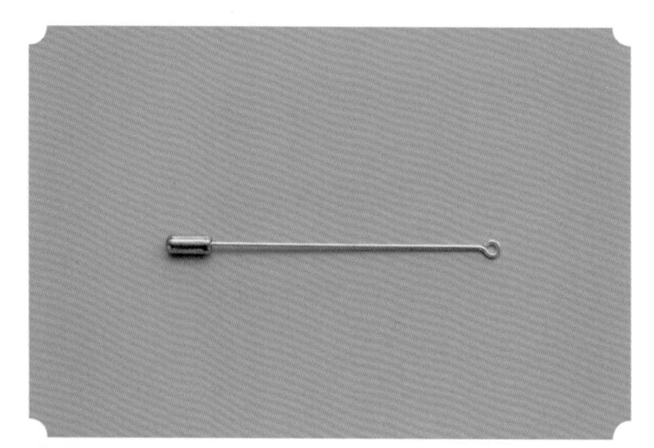

02 拿出胸针配件。

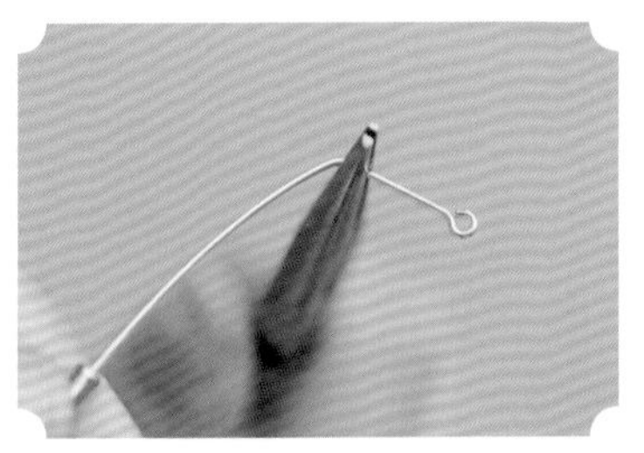

03 用珠宝钳把胸针前端掰弯。

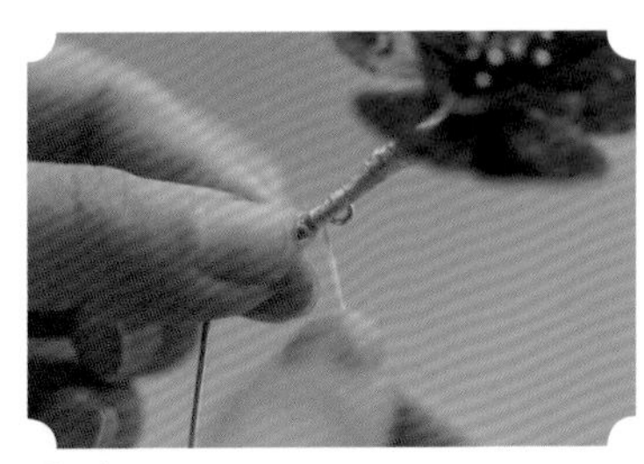

04 如图所示将掰弯的部分和花梗中间用丝线缠绕起来。

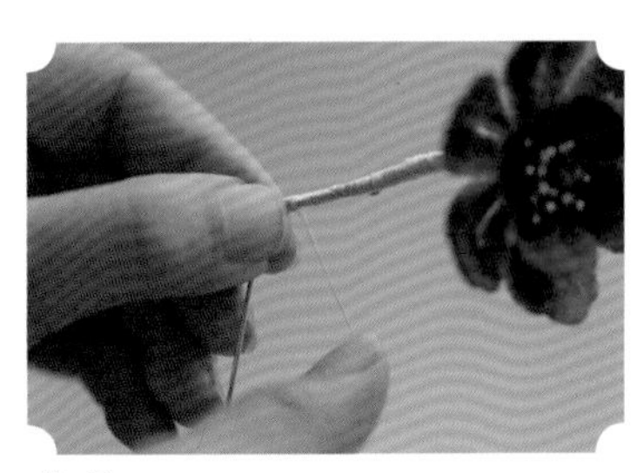

05 向下缠绕。

06 然后再向上缠绕。

07 在花朵底部打结，用打火机燎一下收尾。

08 完成。

传统花型类胸针

传统花型色彩比较柔和，清新淡雅，可作为中国风的礼物，也可和中式风格的衣服搭配。

01 拿出组装好的百合花。

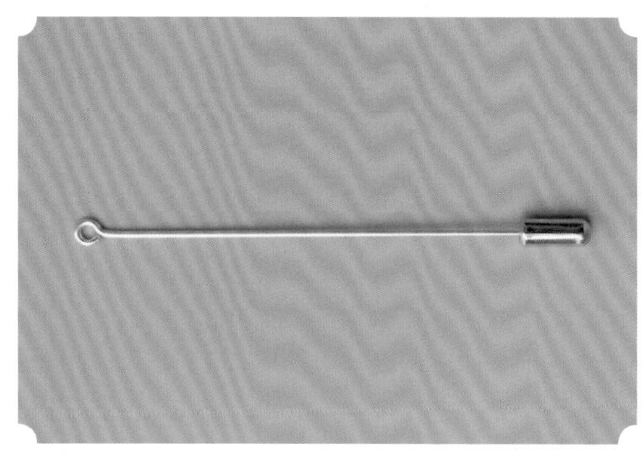

02 拿出胸针配件。

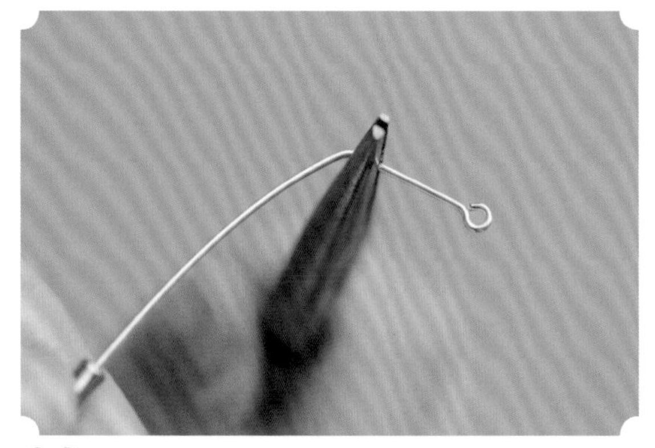

03 如图所示，将配件掰弯。

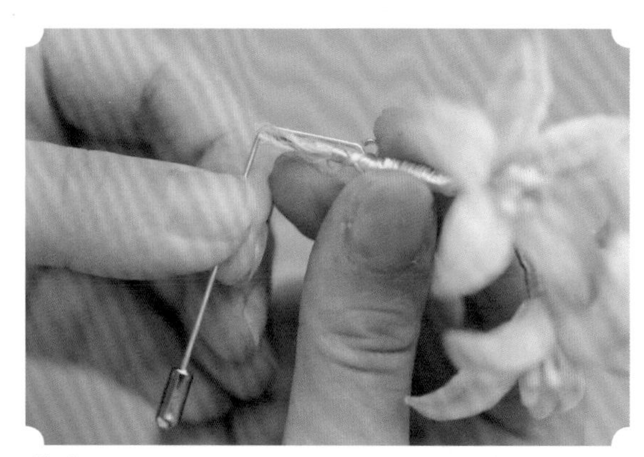

04 将掰弯的地方和花梗结合。

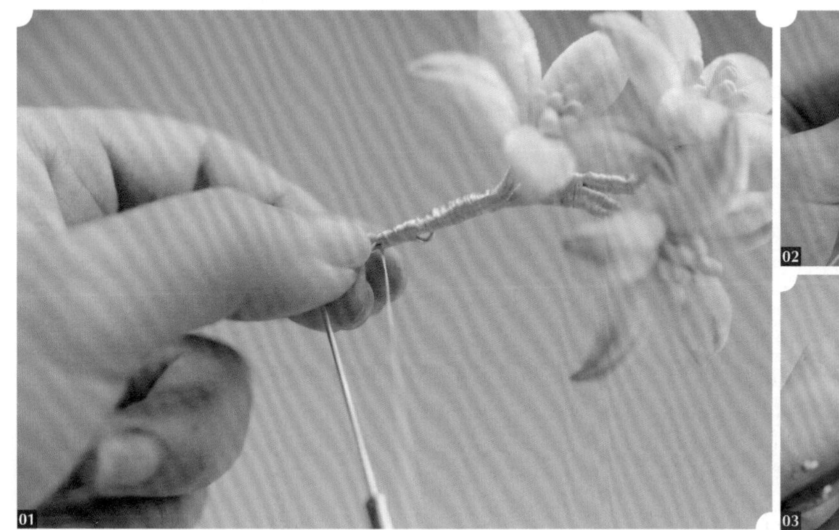

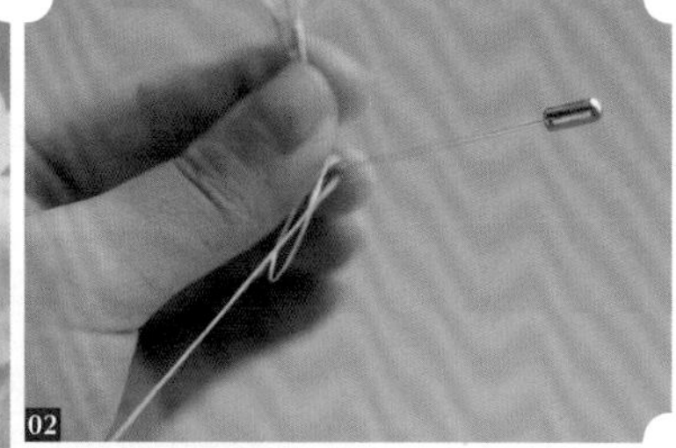

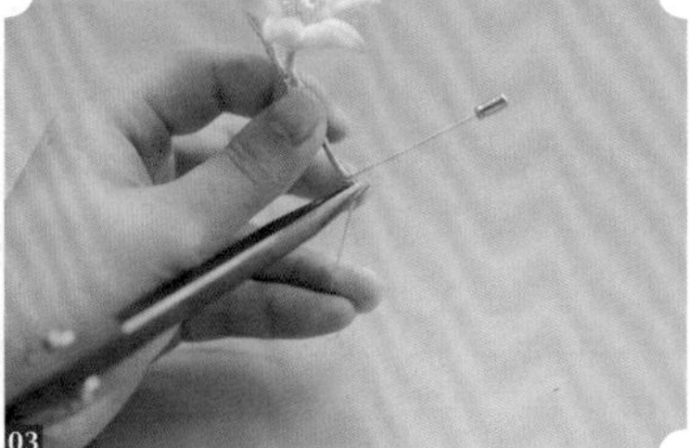

05 用同色丝线固定，然后打结，剪断丝线。

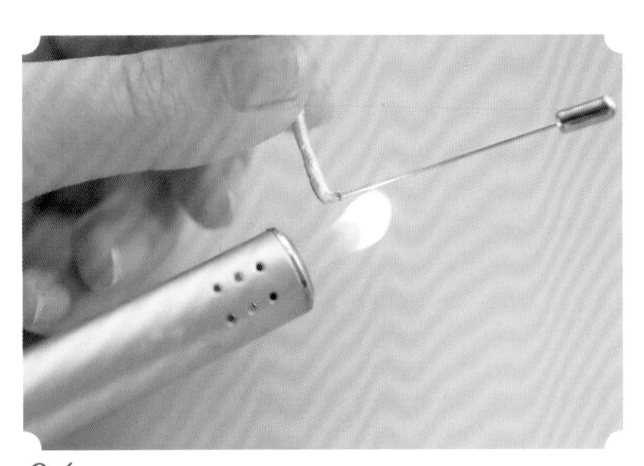

06 用打火机燎一下尾端。

07 用镊子调整花型。

08 完成。

插瓶

绒花类的插瓶吸收了中式插花的特点，追求“雅”“正”，“雅”是指不过分进行花朵堆砌，错落有致，姿态高雅；“正”则是指花型要有自然清丽之态，清新自如。本教程的素材来自清代金农的《岁朝图》，整个插花造型非常简洁，由一束梅花和两簇竹叶组成，梅与竹的搭配被称为“双清”。

01 根据前面的教程做出一簇竹叶。

02 接着组装好两个小花苞。

03 第一部分的花枝完成。

04 按照同样的方法组装第二个花枝，可以用手指捏一下花枝，使其更有弧度。

05 将第一部分和第二部分的花枝组合。

06 按照之前腊梅教程，做出腊梅花枝。

07 拿出花器，插好竹叶和腊梅，造型完成。